衣裳常常显示人品。

——莎士比亚

浙江省社科普及全额资助项目

浙江省社科规划一般课题（13KPCB01YB）

穿衣的哲学

许爱玉 著

Philosophy of Dressing

图书在版编目(CIP)数据

穿衣的哲学 / 许爱玉著. —杭州：浙江工商大学出版社，2015.5

ISBN 978-7-5178-0944-9

Ⅰ. ①穿… Ⅱ. ①许… Ⅲ. ①服饰美学 Ⅳ. ①TS941.11

中国版本图书馆 CIP 数据核字(2015)第 028113 号

穿衣的哲学

许爱玉 著

责任编辑 余宇炜 刘 韵
责任校对 丁兴泉
封面设计 王好驰
责任印制 包建辉
出版发行 浙江工商大学出版社
(杭州市教工路 198 号 邮政编码 310012)
(E-mail:zjgsupress@163.com)
(网址:http://www.zjgsupress.com)
电话:0571-88904980,88831806(传真)
排 版 杭州朝曦图文设计有限公司
印 刷 浙江云广印业股份有限公司
开 本 710mm×1000mm 1/16
印 张 12.25
字 数 204 千
版 印 次 2015 年 5 月第 1 版 2015 年 5 月第 1 次印刷
书 号 ISBN 978-7-5178-0944-9
定 价 36.80 元

浙江工商大学出版社营销部邮购电话 0571-88904970

目　录

体形穿衣术

穿出权威感

穿出职场伦理

序

服饰位于个体与群体的链接处，是私密与公开的转折点。平常看似随意的穿着打扮，其实不经意间暗示和赋予了地位、友情、爱情等诸多含义，并由此折射出其教养、品位和处世哲学。

中华五千年文明史，其间也是一部服饰产生、演变和发展的历史。自黄帝"垂衣裳而天下治"始，后世的统治者皆用严格的冠服制度规定社会尊卑、贵贱等级，称之为"衣冠之治"，并渗透到社会各个阶层。所谓"穿衣吃饭，即是人伦物理"，认为日常物质生活是最基本的道德生活，离开穿衣吃饭即无所谓道德。且衣冠服饰居衣食住行之首，即使寻常百姓，穿衣戴帽也是既平常而又最重要的事，不得僭越。从周朝的礼治、秦朝的专制、魏晋的狂放、盛唐的绚丽、宋明的理学、清朝的繁复，每个时代的政治与文化烙印，皆可从衣服的款型、面料、制式中看出一丝端倪。揭开中国传统服装的衣襟，里面实则包裹着深刻的政治哲学。

现代人的穿着打扮，已成为生活准则的一种表述方式。世界是大舞台，每个人都是模特——"我为自己代言"。在不同场合和状态穿上得体服饰以准确表达、体现自我，是一种能力和教养，也是文明进程的最好标识。真正领悟穿衣之"道"的人，懂得如何能恰如其分地把自己的灵魂和故事通过得体的服饰展现出来，让人们能清晰地感知其背后折射出的人生哲学，领略其内外兼修的思想内在。

当今是讴歌个性、崇尚自由的时代，但职业化着装有其时代的标准和规范，各行各业、各色人等，如何着装，皆有五花八门的"潜规则"。政界含蓄显低调，商界"摆谱"显实力，艺界新潮显个性，就从某一种风格映射出"人在江湖，衣不由己”。现代社会，任何产品和文化都具有人格内涵，老板是企业形象的代言人，职员是企业的广告牌，客户敏锐地通过观察外表来捕捉或判断企业文化及可信程度。真正的商界高人，在遵循规范着装的同时，能够根据自身的气质、身材和个性，穿出属于自己的“范儿”。

什么是自己的“范儿”？就是一个人的着装要拥有自己的独特风格。潮流易变，风格永存。风格究竟是什么？就是适合，就是独特。服饰具有鲜活的生命，有她自己的个性、圈层的定位，在色彩、廓形、比例与表达上，皆蕴含诸多美学和社会学的规律，能把时装的款式、面料、花样、色彩，与穿衣者的肤色、形体、发式以及年龄因素、气候状况、环境条件相结合，达到时代和场景的“衣人合一”，可以说是穿衣的最高境界。

许爱玉教授的《穿衣的哲学》，不只是引导读者如何成功装扮的形象设计著作，更尝试从哲学的层级，结合与服饰相关的政治、宗教、民族、社会、人性、民俗、心理等诸多方面内容，对“为何穿衣”“为谁穿衣”“如何穿衣”等做出哲学思考，敢于突破约定俗成的规则，探索最适合个性的时尚逻辑，多视角、多层次、全方位地探索穿衣之“道”；同时，还结合着装者的社会角色、个性特征等，对着装艺术进行具体解析，指导职场人士找到专属于自己的服装密码“Dress code”，打造富有个性魅力的品牌形象，为人生和事业增添光彩。对于从事服饰研究的专家、学者和个人形象设计工作者，本书也可以起到良好的借鉴和参考作用。

是为序。

中国美术学院　吴海燕

2015 年 2 月 26 日

前言:衣以载道

人是唯一主动穿衣的动物。

作为人,始终在精神与身体两个维度中塑造着自己。服饰的作用不仅是暖身遮体,更具社会功能。几乎从服饰起源始,人类就将其生活习俗、审美意识、宗教观念和色彩爱好等融入服饰之中,构筑成了服饰文化的内涵。

中国人把日常生活归结为"衣食住行",其中"衣"居首位。概因中国人视"衣冠"为文明之象征,"夫童蒙之学,始于衣服冠履"。衣冠为礼仪之初,无衣冠无以谈文明。诸侯聚会谓之"衣冠之会",君子要"正衣冠",穿戴整齐为有德之表现。品德败坏之人被斥之为"衣冠禽兽"。自古国君为政之道,创制衣冠制度视为重大国事,衣冠制度得以完成,政治秩序也就完成了一部分。尊卑等级按衣冠服饰做出区别之后,大家有秩序地拜祖先、祭天地,各守本分,不得僭越,从而实现天下大治,故而中国的政治被称为"衣冠之治"。服饰成为个人身份和地位的象征。一件"衣服",承载了多少男子最沉重的政治理想:"凤阁舍人京兆尹,白头犹未着绯衫。"

服饰是民族文化的物化。各民族服饰背后,折射出不同的世界观、人生观和艺术观。中国服饰重"意",表达含蓄,结构简洁,外敛内敞,无棱角无明显轮廓,装饰上采用图案、飘带和刺绣等手法表达丰富的寓意。追根溯源在于儒家中庸之道与道家返璞归真之说相结合而构成了含蓄婉约风格的哲学基础。西方服饰重"形",表达鲜明,崇尚自然人体美,创造黄金分割律和立体三维裁剪法,风格洒脱浪漫,他们通过服装的形式表达以人为本的哲学思想。设计大师三宅一生评论:"西方人是三分精神上穿衣,七分身体上穿衣;而东方人是三分肉体上穿衣,七分精神上穿衣。"近代随着东西方服饰文化交融,西方摒弃过于造作、扭曲的人体美，东方服装则吸收了西方三维立体裁剪，使服装由宽袍大袖变得更适体轻便。改良旗袍正是中西合璧最经典的完美体现。

然体现中国女子高贵典雅风情万种的旗袍，西方女子却极少能穿出其中意韵，甚至看似几分滑稽。究其原因，除了中西方人的身材、体型和肤色等外型特征明显不同外，更在于各自的思想、审美、气质和神韵大异其趣。未能真正理解中国文化，难以穿出中式服装之精髓；同样，你骨子里不朋克，无法把朋克演绎得漂亮。

穿衣其实是一种再创造过程。一个人的服饰背后皆有价值观和生活方式支撑。

现代社会，讴歌自由、平等和理性，男子穿衣不再为了区分等级，女子穿衣不再以“为悦己者容”为主。但并非随心所欲。穿衣有生理、心理和社会等层级之分。服装最大的功能，不是为了美，而是增加自信心和影响力，为人生和事业而穿着。在当今的后信息时代，形象力已成为一种重要的竞争力。职场不只是拼技能，更须内外兼修。绝大多数寂寂无名在路上奋斗着的人，如同一本等待别人翻阅的书籍，无论内在表现如何卓越，如果“封面”设计过于简陋，那么你被别人关注并“阅读”的可能性微乎其微。“封面”即服饰、表情和言行举止等构成的外在形象。当然，徒有外表，那只是“花瓶”。外表，是启发别人来关注你的钥匙，然后才有更多机会展示你的才能。

如何用优雅得体悦目的形象来表达自身优秀的内在素养，是许多人面临的重大课题。

世界上最有魅力的人，不一定拥有精美绝伦的姿色，但一定拥有独特的味道和强烈的气质——而这些与其个人独特的穿衣风格不无关系。

一个人的穿衣风格源自内心深处对自我的正确认知：我是谁？我的形象定位是什么？我期望自己成为什么样的人？只有当服饰与自我所处的环境、自我特质、生活形态及想要达成的目标等处于和谐状态时，着装才最精彩。

“人生而自由，却无往不在枷锁之中”（卢梭语）。各行各业，各种角色，皆有不同的外在表达方式。你必须穿得和这个领域相关，并且表现得在该领域很成功。教师穿衣要“看上去”有文化，商人要“看上去”讲信誉，政治家要“看上去”有品德敢担当，而另类的、反常规的、突破传统的时尚更多适合时尚圈小众人的穿着。普通人没有“独门秘籍”，还是不要学王家卫的墨镜、周星驰的黑西装搭配白球鞋等异类装扮为好。因为人们只愿意接受顶级人物打破常规。精于时尚之道的人总是小心翼翼地设计自己的另类路线,每次只越过当前的流行趋势和公众审美一点点,在遵循职场着装"共性"之上,根据自己气质、身材和角色,打造自己独具个性的风格。

男人是社会的基石也是顶梁柱,男装语言诠释男人的可靠性。当大多数人还停留在有型、很帅或自我愉悦的阶段,职场高人们已不动声色地将穿衣上升到了政治和人生的高度,精妙把握场合着装的精髓,用严谨、优雅而又理性的着装风格,表达对交往对方的尊重和信任。"为自己而吃,为别人而穿",在不同场合和状态穿上准确的衣服,体现了男人的教养与精神原则。我行我素,全然不顾角色、场合与他人感受,只按自己的爱好进行打扮,实际上是一种傲慢和缺乏教养。

对于成熟的都市女性而言,职场着装最需要表达什么?"看上去知性"。优雅的衣着予人以温柔的感觉,而知性的装扮,直接为你的高贵和理性代言。女性的智慧不仅表现于事业才干,也忠实地体现在其着装上。若是一位职业女性,钟爱蕾丝、公主裙,化浓艳的妆容,佩戴过多的首饰,沉迷于效率极差的"华丽系",基本可判定为中下阶层的员工。穿衣犹如恋爱,十分搏出七彩,火力全开输于用力过猛。所以中上阶层女性非常讲究在形象上精心打造的"不刻意":有品位而不奢华的穿着,有修养而不做作的举止,能最大限度地令自己和他人感觉到舒适和尊严。小到着装,大到人生,精妙之处在于"恰到好处"。

想要验证一个女人是否精明能干,看她穿套装的效果便知。即使身材再好,若是工作愚钝,也不一定适合套装。而工作出色的女人,往往不花哨、不张扬,更有一种绵里藏针的韧劲,能把套装演绎得既权威又性感。时尚和智慧看似并无太大关联,但真正有品位的女人都会看上去很智慧与理性。因为智慧的装扮就是通过大脑充分思考得出的搭配。时装就是这么"势利眼",同时又令人肃然起敬。

有人把自己着装没品位归结为买不起高级时装之故,这是一个借口。高品位确实与钱相关,奢华的衣锦不只是形式上设计精妙,品质感强,更有文化和心灵层次的美学追求。但是,如果承载它们的灵魂没有足够的自信和魅力,这些外在的符号也因之黯然失色。我更愿把品位看作是一种人生态度,它根植于人的灵魂深处。即使一般的工薪阶层,只要有良好的审美观,智慧地选择衣服,善于独具匠心地搭配,简约不简单,朴素不粗俗,也能创造属于自己的时尚品位。对钟爱的品牌经典款,舍得花血本下手买单,再用混搭手法,加入一些时尚元素,不至于显得沉闷无趣。这类"经典中的经典”服装可穿好多年,达到投资的最高经济效益,这也是一种形象经济学。

流行易逝,风格永存。越高端的人,越不易为潮流所左右。把服装的形、材、色与人的形、色、韵相结合,服装风格与个人风格相吻合,达到衣人合一,这才是着装高境界。中国哲学强调“大道至简,大音希声”。相比张扬的个性,我更欣赏的是内敛、内秀的极简风格,没有层峦叠嶂和繁琐装束,简洁、精致、优雅。一些我们所推崇的风格偶像之所以令人赞美和敬佩,关键在于除了他们对自我生命的认知,在流行品味上,也展现了集中且简约的智慧。他们的衣橱也一定混乱过,然而从繁复到简单,就是一种进化。

本书之所以取名为《穿衣的哲学》,是因为书中虽然谈的是职场穿衣的法则与技巧,却更多的折射穿衣的态度与人生的智慧。在当前职场越来越时尚化的趋势下,职场人士更需要具有自己的时尚主张。时尚貌似时装美容潮流,其实质却是基于以社会学为基础的社会时尚学研究,诠释的是一种时代思潮。若是紧随当季流行,仅得时尚之“术”而已,真正的时尚应是“道”——它是对时代趋势的判断能力、生活态度和自身生命价值的追求,并非只是赶潮流善搭配而已,而是懂得如何能更自如地把自己真正的灵魂和故事,通过得体的服饰展现出来。技术永远不是最难的,我们需要运用哲学的智慧审视世界,理性反思当前流行生活态度、价值观念、思维方式和审美情趣等,不盲目趋同别人的价值观和喜好,穿出自己的服饰风格。

美是一场修行,双眼看尽的风光,最终都要靠心来供养。随着我们心智的成熟,生活的沉淀,事业的拓展,越来越明白人生之要义,懂得取舍和宽容,不再只关注外在魅力,而是更注重心灵的成长与提升,追求“绚烂之极归于平淡”的境界。此时,美已沁入骨髓,合二为一了。穿衣的真谛在于拨开人世间繁华的芜杂,找到最本质的力量——从容、淡定、自在和自信。

《玫瑰爱人》中写道:你说你想要件美丽衣裳,那就是用我的爱来衡量,它要一定来自天堂,那是个无痕地方。这何尝不是我用爱编织而成的送给你的一件“美丽的衣裳”? 好衣如佳人,当浮华褪尽,万紫千红谢去之时,会是哪一件“衣裳”经久不衰地温暖你、陪伴你?

期盼我的分享可以带给你衣着的欢欣与对生命的珍爱。

许爱玉

2015 年 2 月 11 日

1 服饰显乾坤

人为何要穿衣服？保护身体，信仰抑或性诱惑？在古人看来，穿衣首先是一件政治大事，冠服制度显示的是社会的等级制度。一件柔软的衣服，承载了男人最沉重的政治理想。多少男子为了“衣服”争名逐利，宦海浮沉，“凤阁舍人京兆尹，白头犹未着绯衫”，红得发“紫”才是得意人生。几重天来几重地，人间服饰显尊卑，揭开中国传统服装的衣襟，里面包裹着的实则是传统的价值、思维与生活方式，以及由此所维系的伦理与秩序。

> > > > > > >

1.1 古代服饰是“政治”

人为什么要穿衣服？穿什么样的衣服才是合宜的？服饰与德行有何关联？这个问题在人类文明起源时期是非常明了的，尽管人们着装动机有所不同，但原始文化注定了服饰初创时期一定是为了保护身体。后来服饰承担了更多的社会功能：为了美，为了性感，为了自信，甚至为了政治。

中国又名华夏，何为华夏？冕服华章曰华，大国曰夏。即穿着华美衣服行着大礼的地方就是中国。因此中国自古被誉为“衣冠之国、礼仪之邦”。古人对“衣冠”的不同看法，其实是反映各阶层人士在服饰观念上不同的哲学思考。

黄帝：“垂衣裳而天下治。”黄帝是个政治家，在他看来，衣服首先是政治大事。所以他依照《易经》中的乾、坤两卦创制的衣裳，乾为天，坤为地，上衣下裳。乾上、坤下，自然延伸至阴阳、天地、男女、父子、君臣等概念。尊卑等级按衣冠服饰做出区别之后，大家按照各自的等级有秩序地拜祖先祭天地。如天子在祭祀时，要穿绣了12种纹样的冕服，而官员根据等级的递减，纹样依次递减。黄帝制定尊卑有序的冠服制度实现天下大治。一部中国史，是从如何穿衣裳开始。他的穿衣观为后来的政治家们树立了榜样：不懂政治的衣服不是好衣服。

孔子：“文质彬彬，然后君子。”孔子是个没落贵族，想象他身上应该佩有一块玉——“君子以玉比德”。一心想着克己复礼，不但吃得讲究，“食不厌精，脍不厌细”，对穿更有一套原则，认为服饰是区分人的等级，要体现伦理规范，不可以无分贵贱，随意为之。孔子为了使“仁”渗入到个体人格之中，以利社会的和谐发展，因而认为服饰应该具有启发、陶冶人们性情，使人乐于为"仁"的内在功能。他是第一个提出美男子的标准:质胜文则野,文胜质则史。文质彬彬,然后君子。认为没有合乎礼仪的外在形式,那么就像是鄙俗的凡夫野人,但如果只有美好的合乎礼的外在形式,给人以庄严肃穆的美感动作姿势,而缺乏仁的品质,只能使人感到虚伪,只有内在有仁义,外在形象美好得体,才可以称得上是君子。他还将服饰得体与否看作是一个人能不能立足于上流社会的大事:见人不可以不饰,不饰无貌,无貌不敬,不敬无礼,无礼不立。由于孔子学生最多,又有孟子极力推广,所以他的中庸之道至今还深刻地影响着人们的穿衣观。

墨子:"衣必常暖,然后求丽。"手工艺人墨子是个实诚人,他穿粗衣系草鞋,所以非常不同意孔子的等级穿衣观,他主张"节用":"食必常饱,然后求美;衣必常暖,然后求丽;居必常安,然后求乐。为可长,行可久,先质而后文,此圣人之务。"在衣服上投入大量的人力和物力,使其超出了实用的意义,势必造成浪费,而且上下都去追求服饰美,极易造成社会混乱,那么,这个国家就很难治理了。但他可能没注意到,劳动人民特别是妇女们即使生活十分困苦,也还是有崇尚艺术、向往美好生活的心愿的,因为他不解风情,所以他的服饰观影响力不大。

老庄:"被褐怀玉,养志忘形。"老子像个潇洒智慧而随和的老头,常常告诉人们要趋向自然,无为而治。他说:"知我者希,则我贵矣,是以圣人被褐怀玉。"意即我是在说天道,可是世间能够明白我说的天道的人太少了。掌握天道的人以天道去救人群,并以此为己任,他自己不因这样做而骄傲自豪。所以说圣人的表面看上去非常谦和朴实,好像是穿着最低贱的麻毛类粗纤维褐衣的人,却有着高尚博大的胸怀,如心中似玉一般清明而可贵。"被褐怀玉"被许多无意注重着装或无钱供养服饰的失意文人奉为宗旨。老子的超级粉丝、贫穷的哲学王子——庄子直接"不饰于物",崇尚素简风貌,认为追求美服等物质享受,无疑是自套枷锁,是俗人所为。吃最简单的食物,穿最简单的衣服,是现代人的精神向往,他的"大道至简,大音希声"哲学观,成为现代流行极简穿衣风格的理论依据。

其他诸如屈原的"内美"与"修能",董仲舒的"天人合一",董其昌的"衣锦还乡"等,对中国人的服饰观皆产生了重要的影响。

而服饰往往是一个时代发展的缩影,反映历史的变迁。汉代的儒学、魏晋的放纵、盛唐的开明、宋明的理学和清朝的禁锢,透过服装的式样、繁复,可以把那个时代的烙印看得清清楚楚真真切切。

汉朝:汉德昭昭,汉服初名。汉朝虽为布衣刘邦打下的江山,但后来经过文帝、景帝、武帝等几任帝王提倡文化学术,终于蜕变成一个大气、浪漫,也是最注重教养的朝代之一。文化上,糅合了儒家之“仁”与法家之“威”,提出“罢黜百家,独尊儒术”,奠定了中华民族两千年的主流价值观。在服饰上,西汉初建时承袭秦制,至东汉明帝时形成完备的冠服体系,首次出现“汉服”一词。“汉服”是从“深衣”(把上衣下裳缝连起来)发展演化而来。“深衣”在汉朝之前就已存在,“汉服”则是从汉朝开始才有的名称。汉服首次出现在《汉书》记载:后数来朝贺,乐汉衣服制度。自此,中国汉服“始于黄帝,备于尧舜”,定型于周朝,到汉朝形成完备的冠服体系,普及至民众,并通过儒教和中华法系影响了整个汉字文化圈。南宋义士郭靖因“不想舍弃汉人的衣冠”而自杀,实则表明不愿降金的决心。汉服成为汉人自我认同的文化符号。

汉服的基本特点是右衽、交领,领口低,以便露出里衣。穿几件衣服时,每层领子必露于外,最多的达三层以上,称为“三重衣”。汉服在形制上除了“深衣”制,还有“上衣下裳”制和“襦裙”制(襦,即短衣)等类型。西汉的丝织物有锦、绣、绢、纱、绡等,服装面料从质朴单一向华丽多彩方向发展。古罗马凯撒大帝曾穿着一件中国的丝绸袍去看戏,大家对那绚丽灿烂、光彩夺目的皇袍惊羡不已。后来人们渐渐地以穿丝绸衣服为高尚和时髦的象征。

汉朝女子大概是当时最时尚、最有教养的女子。如家庭主妇刘兰芝:十三能织素,十四学裁衣。十五弹箜篌,十六诵《诗》《书》。在纺织、制衣、音乐、诗歌方面样样都得学习。而采桑女罗敷很是“时髦”:头上倭堕髻,耳中明月珠。缃绮为下裙,紫绮为上襦。而且已懂得“撞色”,用浅黄色的丝绸做下裙,紫色的绫子做上身短袄,紫裳黄裙,衣袂飘飘,风情万种。站在春光里,美艳了几千年。

魏晋:粗服乱头,不拘一格。魏晋时期是历史上经济萧条、政治极为混乱的年代,但在精神上却是极自由解放的年代。魏晋时期,倡谈玄学之风,认为天地万物以无为本,强调返璞归真,一任自然。“玄学”来源于老子的“玄之又玄,众妙之门”,即玄妙莫测,其精神是崇尚自然无为,即道家思想,笃信名教,尊崇“三纲五常”。玄学也就是“道”与“儒”合一。

代表人物竹林七贤,主要表现在突破旧的礼教,反人为的法度,反束缚,追求自己旷达的生活，追求清静自然，除沉湎于酒乐之外，便在服饰上寻找宣泄，以傲世为荣，故而宽衣大袖，袒胸露臂，以其飘若游云的风格打破了衣物的束缚与匠气飘然超尘，甩袖无边的艺术魅力，以叛逆的姿态奏响了中国服饰反文化的交响曲。竹林七贤，应该就是中国最早的“嬉皮士”。

唐朝：浪漫优雅，古代巴黎。唐朝经济、文化繁荣昌盛，对内放宽政策，对外推广佛教、道教和儒家思想。这些思想叫人放弃对现实的不满和斗争，追求来世的天堂和幸福，使人沉入多彩的浪漫境界，反映到服饰上，使服饰形象有了重大的发展，形成了灿烂而生动的时代风格，而且还出现了很多以佛教为题材的作品和受佛教影响的纹样、造型等，唐朝女子丰满的头饰，华丽的面饰，宽松随意、色彩绚丽的服饰和唐朝的思想文化相一致，而纹样、图案带有宗教色彩。

《武则天》剧照。唐代服饰瑰丽多姿，体现盛世繁华。

唐代是丰腴女人的天堂，唐朝的服饰对美的大胆追求，其服饰色彩之华丽，重装饰，女子衣装之开放是历代没有的，即使是现代人也为之惊叹不已，望尘莫及。周渍《逢邻女》诗“慢束罗裙半露胸”，即似描绘这种装束，这是中国古代装束中最为大胆的一种，足见唐人思想开放的程度，堪称中国古代的“巴黎”。唐代文化对后世中国文化产生了深刻而巨大的影响，在世界文化史上也占有重要的地位。

宋明:理学盛行,质朴秀雅。理学是在北宋中期产生、形成,在明代发展起来的哲学。面对内忧外患、积贫积弱的凄惨局面,当权的统治者为了维护自己的统治地位,提倡"存天理,灭人欲"来稳定统治秩序。在这种思想的支配下,服饰上没有了唐朝的雍容华丽的气质,而是质朴、洁净、自然的美。色彩大多是淡绿、粉紫、银灰,都以质朴,清秀为雅,如宋朝女服"背子",以瘦、细长为美。由于这种淡薄凄凉的境界影响,使人们对病态美尤其推崇,所以缠足之风在此盛行,这种束缚是摧残妇女身心健康的陋习,而缠足的妇女又表现出一种纤弱的病态来,"三寸金莲"流为美谈。由于理学思想的影响,清朝旗袍形态变得领高而掩盖半脸,女子笑不露齿,行不滋体,衣裙长至盖脚。封闭的理学观念,使服饰形态非常保守而拘谨,宋、明、清时期的服饰受理学的束缚很大,已至几百年服饰不得发展。

"横看成岭侧成峰,远近高低各不同。"人们在采用这些哲学观点以施于自己着装行为时,常常各取所需,不仅因人而异,同一人也可因时而异,因处境、心态不同而异。总之,服饰品是有形的,哲学思想却是无形的,着装是每日接触,须臾不可离的,观念却是在有意无意之间产生变化,各适其适,绝不可能从一而终。穿衣有时是为了保护身体;有时性感着装,就是为了性吸引;有时是为了自信;有时是为了表明身份地位等;有时仅仅是为了自己的心情。我们确信,穿着某些衣服时,我们就交好运,而穿一些带有污点、泪迹、破绽的衣服时会让我们倒霉。

1.2　穿衣是“天”大的事

在古代，穿衣是件天大的事，关乎性命和前程。中国服饰的核心是区分其尊卑上下等级身份的标志，并借此以规范社会秩序、强化礼教约束。人们对于服饰的选择失去了个人心理和审美趣味的依据，仅仅根据现成既定的制式去穿着打扮，个人通过不同等级的服饰被固置在整个社会结构，同时每个人的言行都受到了服饰制度的束缚，不能越雷池一步，人被异化为服饰的囚徒。

历朝把服饰“以下僭上”看作是犯禁行为，穿得不合规范会丢了性命。曹操自己可以“割发代首”，对别人要求甚严，他儿子曹植之妻违反当时规定穿了不该她穿的绣衣，被曹操看见后还家赐死。而另一则衣服与女人生命攸关的故事是：古时一个获罪的妓女，在高人指教下，焚香淋浴，锦衣华服，在将要被处死前，皇帝和大臣们亲眼看见她那无与伦比的锦绣衣裳和层层包裹着的如雪肌肤，衣服和美人相映生辉，如珍似宝，谁忍心暴殄天物？爱物惜物之心打动每一个人，最后无辜女人终于得到赦免。这在东方男人看来简直不可思议。东方男人为了不打仗送美女去和亲，西方男子为了美女海伦连续打十年的仗，从而为世界文化遗产《荷马史诗》留下了宝贵的素材。

为什么传统服饰生右衽、死左衽？

根据几千年来中国传统服饰习惯，左衽是寿衣，而右衽是活人穿的衣服。按照中国古代习惯，只有死者和蛮夷才穿左衽的衣服。源自于阴阳观念，道家以左为阳、以右为阴，体现在传统汉服上，就是左边衣襟代表阳，右边衣襟代表阴，所以左边衣襟压住右边衣襟，代表是阳压阴，天压地，古时候男子行礼的时候也是左手压右手。当时只用衣结不用纽扣，右衽便于用右手解结。死人入殓的衣服用“左衽”，衣结用死结，因为死人已不用解衣了。所以孔子说：“管仲相桓公，霸诸侯，一匡天下，民到于今受其赐，微管仲，吾其被发左衽矣。”意即要是没有管仲，我们就得沦为异族的奴隶，穿着左衽的衣服，披散着头发。

为什么现代服装体现女左衽男右衽？这原本是欧洲人的风俗习惯，中国引进并普及西式服装后，也接受了这种习惯。男子上衣纽扣总是钉在右侧门襟上，而女人上衣的扣子则钉在左侧。对于这种习惯可能来自于，当时男人用他的左手解纽扣，可以腾出右手继续把握工具或刀剑来工作或战斗，而女人则习惯于左手抱孩子，可以用右手解纽扣。

现代时装女左衽男右衽

为什么男人都想穿“紫”衣？

封建时代老百姓穿衣打扮也由国家制度管着，规定老百姓只能穿布衣。古代衣着颜色分贵贱，周代以黄色为天子权力象征，隋代以后皇帝要穿龙袍。大红是贵族穿的颜色。春秋，紫色的染色工艺突破，齐桓公喜服紫，齐桓公好服紫，一国尽服紫。古代男人为了衣服争名逐利，宦海浮沉。诗人元宗简官任京兆尹，然品级却一直位于六品，得不到升迁的机会，故平时坐堂只能穿着绿袍，心中不免有些愤懑，于是作诗叹道：“凤阁舍人京兆尹，白头犹未着绯衫。”绯衫意味着官至四品五品，大唐的服制乃是官员们三品以上穿着紫色，四品五品穿朱红，六品七品穿绿色，八品九品穿青色。大文豪白居易《琵琶行》：座中泣下谁最多，江州司马青衫湿。想必与京兆尹一样失意得很。后来就把达官贵人的服装泛称为“紫袍”。衣锦还乡者，穿着大红大紫的官服，荣耀故里。历史上还有“白衣”“苞头”“皂隶”“绯紫”“黄袍”“乌纱帽”“红顶子”等等都是在一定时期内，某种颜色附丽于某种服饰而获得了代表某种地位和身份的例子。

为什么男子忌戴“绿帽子”？

古代服饰制度到朱元璋时登峰造极，他不但继承和发展了利用服饰来规范上下贵贱等级的传统，而且更加强化了对良贱的区分、对贱民的歧视和压迫，对违反者给予断肢割鼻严厉的处罚。朱皇帝规定，开妓院的男子只能戴绿巾，妓女只能戴黑色的帽子，身穿黑色褙子，出门不许穿华丽的衣服。后来“绿帽子”的引申义对男人极为不恭。有一次少数民族兄弟热情送了一顶“绿帽子”给礼仪专家金正昆，让他尴尬万分。甚至不少已婚的汉族男子连绿色的衣服也不屑一顾。

何谓“君子死而冠不免”？

在中国服饰历史上，有身份者才能带冠，平民只将发髻包在布巾中，所以士大夫称为“衣冠”，而平民则称为“布衣”。道德败坏之人被斥之为“衣冠禽兽”。诸侯聚会，美其名曰“衣裳之会”——穿着合乎礼节，否则失礼。在儒家看来，衣冠代表着社会地位和人格尊严。孔子曰：“君子正衣冠。”衣冠是“君子”的标识，衣冠不整，就不是君子，衣冠比生命更重要。卫国发生政变时，子路要去阻止，因寡不敌众，冠下的丝缨被戈击断。子路看情势已无脱身的可能，从容地捡起帽子，说：“君子死而冠不免。”在从容结缨正冠的瞬间，被对手趁机杀死，成为为汉冠威仪而死的第一人。

民国时期改易陋俗，剪辫子、禁缠足、易服装，掀起了现代服饰的帷幕，中国服饰文化进入一个自由发展和新旧交替的时代。

历代新王朝建立都要“改正朔，易服色”。清朝入关后，强制汉人改易清服，汉人传统的冠冕衣裳几乎全部禁止穿戴。对于中国人而言，关于服装的民族象征意义尤为重要，让无数誓死捍卫礼仪的铮铮硬汉血流成河。衣服的丝丝缕缕竟构筑了民族尊严的底线，国破家亡可头断血流，然而衣服绝不能改，那里面蕴藏着祖宗的魂。有人仅仅戴了明朝人士常戴的方巾，就遭人告密，被官府毒打直到枭首示众。

中山装里藏乾坤。作为反清革命的领袖，孙中山深谙改易服装的政治象征意义，也将断发易服视为革命性标志。孙中山感到西装穿着不便，而中国原有的服装过于陈旧、拖沓，冯玉祥也认为：中国的长袍大褂使人萎靡懒怠，糟蹋布料，妨碍行为，必须改良。孙中山亲自致力于新服装的创制，把自身的政治抱负融于装束之中，给予中山装以特有含意。其前襟的 4 个口袋象征国之四维，即“礼、义、廉、耻”。其左上口袋倒写“山”字形留有插钢笔的职位，意味以“文”治国。对襟有 5 粒纽扣，意味“行政、立法、司法、查验、监察”五权分立，以及中华民族的人格准则“仁、义、礼、智、信”。

因中山装恰恰是在特定时代能够符合人们生活、审美与政治需求的服装，因此，中山装成为民国时期最为流行的服装。直到新中国成立以后的中国社会都将中山装作为正装穿着，这既体现了孙中山先生的价值观、政治观和服饰观，也体现了全国人民对孙中山先生未竟事业的追求，这是一起由改朝换代引起的服饰大改革。

服装是隐形的竞争力，当人们喜欢一个没有利害关系的国家的风格服饰时，常常是因为那个国家正受到热烈的欢迎，或者暂时处于军事或经济优势。在 17 世纪末到 18 世纪，由于中国贸易扩展致使人们开始流行有印花或绣上竹、菊、龙等设计图案的东方丝绸。19 世纪后半期，随着日本崛起成为新的国际强权，于是兴起一阵日本热，举凡扇子、陶瓷、衣服和发型都大为风行。如今中国崛起，东方风格的服饰流行，大美女范冰冰一袭“龙袍”和“仙鹤服”站在国际舞台上，举手投足，尽得风流。

1.3 东西方服饰哲学观

为什么西方女子穿旗袍穿不出中国女子的风情和婉约？为什么中国男子穿格子裙穿不出英格兰男子的潇洒和浪漫？除了东西方人的身材、体型和肤色等外型特征大不同外，更在于东西方人的气质神韵大异其趣。尤其是民族服装，深深浸润着本民族或时代的特性，包括政治、经济、文化、习俗、审美、宗教以及他们的社会形态。只有深刻了解其思想内涵并内心深深地喜悦它的人，才能穿出那个民族服装的原汁原味，达到衣人合一的境界。

中国服饰重意境，强调“含蓄美”。

一个民族的审美心理特征之形成与其经济、政治、宗教信仰、风俗习惯，以及哲学思想等因素是分不开的。我国服饰的民族审美本质是含蓄美。寻根溯源，儒道互补是两千年中国美学思想的一条基本线条，即以儒家中庸之道的“中和美”与道家返璞归真之说的“自然美”相结合，构成了“含蓄美”的哲学基础。类似中国画中的写意手法，即不着眼于对事物的客观再现，而强调欣赏某种朦胧的含蓄美，在虚实关系上偏重于对“虚”的张扬。引入到服饰文化的艺术创作中，就是设计者特别注重“不着迹象、超逸灵动”之美，不刻意追求数字上的精确性或纯形式的客观美感，而是崇尚用无穷的意象美含蓄地表现情感。如用宽衣大袍、中规中矩的样式或写实与变体相结合的动物、几何纹样、花草枝、藤蔓纹等具有抽象和寓意的服饰图案，来传达一种与政治或伦理的关联意向。

中国服饰风格是一种自我修行，海纳百川，张扬时华美无双，隐匿时剑锋暗藏，惹人思量。其特点呈直线结构，外敛内敞；无肩型，无明显轮廓无棱角，与中国人强调含蓄，内在从容、外边收敛的中庸文化有关。中国古人用宽大的长袍遮蔽全身，并用自然的色彩和纹样装饰服装，以追求天人合一的意境，追求人与宇宙的和谐。我国最早的一部工艺学著作《考工记》中强调：天有时，地有气，材有美，工有巧，合此四者，然后可以为良。认为服装的着装季节、着装环境及衣料的质地和剪裁手法，只有这四者和谐统一，才有精妙设计。

中国服饰风格是一种自我修行。立领、对开襟、连肩袖、海水江崖纹等元素的运用，与中国人强调含蓄，内在从容，外边收敛的中庸文化有关，呈现“大象无形、大素大简”的美学意境。

尽管中国历史上历代王朝起起落落、变更跌宕，但服饰基本保留着宽衣的造型，宽松的平面直线裁剪。无论是商的“威严庄重”、周的“秩序井然”、战国的“清新”、汉的“凝重”，还是六朝的“清瘦”、唐的“丰满华丽”、宋的“理性美”、元的“粗壮豪放”、明的“敦厚繁丽”、清的“纤巧”，无一不体现出中国古人的服饰审美观和思想内涵，这些设计观和思想内涵，它直接或间接地表现了民族精神——古代哲学思想的影响，儒、道、法、墨诸家哲学思想是在中国思想史上具有深远影响的学说，它们构成了中国传统服饰设计观的理论基础。

旗袍是中国含蓄美的代表，是传统服饰文化与现代时尚设计完美结合的典范，它造型完美、结构适体、内外和谐，是兼收并蓄中西服饰特色的近代中国女性的标准服装，旗袍的设计表面上不温不火，实质上内涵丰富、意蕴幽远，达到了形式与内容的完美融通。光滑的质感和简洁的造型，表现出流畅明快的线条与和谐一体的气韵，展示出东方女子温柔、典雅之美。这种气韵不仅展于外表，而且沉于内心。

旗袍不是什么人都穿得的，首先要有标准的东方身材，修长的腿，细嫩滑腻的肩，盈手可握的小蛮腰，胸部丰满，凹凸有致。开衩的旗袍，稍露洁白滑腻的小腿。步履摇曳间，一闪而逝。东方女人的内敛含蓄丝毫未受影响，却添加了万种风情。行走间，开衩处隐约藏着温柔蚀骨；回眸一笑时，莫道不销魂。旗袍把女性的高贵典雅，展现得恰到好处。它诠释着一种并不张扬或显山露水的儒家文化。穿上旗袍，既能衬托出东方女性优美的身段，又能显示出其幽雅的心境和悠闲的生活节奏，充分展示出中国传统服饰的含蓄美，呈现出一种宛若自然生命律动的朦胧佳境。

日本和服温婉、和善、内敛，有着静美和空灵的意境。如同古代中国男人病态地迷恋“三寸金莲”一样，日本人普遍醉心于女性的脖子与后背。女性和服在这两个地方特殊眷顾、精心剪裁，一定要露得恰到好处，既令人陶醉，又不流于青楼气。和服的象征意义，仍然没有衰减。每个日本人，一生必须有三套和服：第一套，3—7岁的时候，参加“儿童祭”；第二套，是在20岁的时候，参加“成人祭”；第三套，则要等到结婚的时候，作为礼服。这三套和服，必须当作“传家宝”珍藏起来。

日本女性的整体资质并不出色。她们身材娇小、腿短脚粗，穿过于裸露的职业装很容易露怯。一袭绚烂、飘逸的和服，一藏一露，既掩饰了某些先天不足，又突现出日本女性独有的魅力。日本女性的脖子与后背，原本优雅不到哪儿去，可是，一经和服的调教，便立刻“别有一番滋味”。徐志摩的诗作《沙扬娜拉》，对日本少女说再见的姿态津津乐道：“最是那一低头的温柔，像一朵水莲花不胜凉风的娇羞。”其实，还不是借人家的脖子说事儿！穿上和服，连脖子都有了诗意，实在是“不著一字，尽得风流”。

西方服装重形，强调“和谐美”。

希腊是西方文明的发祥地，盛产哲学家，有不少关于服饰的论述。他们认为，人是万物之灵，天之骄子，大自然中最美的形式就是比例完美的人体，因此古希腊人塑造出无与伦比的、完美的人体雕像。他们的服装重视表现比例与和谐之美，并不只具有遮蔽身体的功能。希腊毕达哥拉斯派提出的“美

身着旗袍的东方女子，走在《花样年华》里，步履摇曳间，温柔蚀骨；回眸一笑，莫道不销魂。

是和谐与比例”的观点，认为人体就像天体，都是由数与和谐的原则统辖着，身体美是各部分之间的对称和适当的比例，并创造黄金分割律的比例法则，一直影响到现代的服装设计。

柏拉图认为“美就是恰当”，也就是说：其貌不扬的人，穿起合适的衣服，外表就好看起来了。亚里士多德认为：美的主要形式是秩序、匀称与明确。西方服饰文化从一开始就重视形式美，与中国重视伦理美，形成中西审美的真与善之明显差异性。

希腊服装虽采用简单的披裹方式，但风格洒脱、浪漫，原始式样出现一直盛行高度的和谐对称及纯粹的裸体美，他们试图以服装的方式表达自己所信奉的哲学观，主张人类身心都应接受教育与熏陶，崇尚自然的人体美，认为服装的完美境界应该是衣人合一的，以无形之衣饰有形之体，妙在见人不见衣，这种以人为本的服饰哲学，古典而先进。

最能代表欧洲传统服饰文化的是意大利。意大利人把悠久的文化传统和一贯的民族气质融入日常生活里。世界上最好的服装板型、舒适的皮草和柔软的羊绒、珠宝和古董饰品，使人深深感觉到意大利人的怀旧情怀和奢华做派。西方服装崇尚人体美，从古希腊至今，西方艺术包括服饰在内，常把讴歌和显示人体自然美当作至高无上的典型，因此服饰在西方人的身上成了“附件”，女性通过立体造型的服装尽显其形体之美，男性则更注重以服装来体现身体的健壮和力量的强大。

文艺复兴时新兴资产阶级的思想家，高举人文主义大旗，反对基督教神学的压迫和禁欲主义。这个时期的贵族服装以夸张的造型表现天地间人的独立和力量，并确立了上宽下窄、上俭下丰的男女两性服装模式，以张扬人性，用豪华铺张的装饰肯定人生享乐乃天经地义的态度。

正如日本三宅一生先生所说：西方人是三分精神上穿衣，七分肉体上穿衣；而东方人是三分肉体上穿衣，七分精神上穿衣。正是不同的哲学观念，奠定了东方平面服装和西方立体服装的形制，承传至今。

1.4　方寸布缕显智慧

服装是有智慧的。谁在方寸布缕之中，在永远不变的两条腿和两只袖子之间，让你的身体可以开出似锦繁花的图画？是设计师。设计师们用面料表达着内涵，用色彩表达品位，用结构表现个性，就这样，多少设计师毕生的才华，多少工匠毕生的时光，多少品牌毕生的精力，让一件衣服，变成了你的艺术。

生命哲学的创始人狄尔泰说：任何世界观的终极根基乃是生命本身。服装设计师不光是裁衣，而是去关照人的内心。去还原一个人本身的魅力，设计的最终目的不是改变他而是让他更像他自己，而且变成更好的自己。

现代女装设计大师香奈儿说：女人不再是男人的“花瓶”，同样是担负社会责任的公民。她的话充满哲理，简直是女性觉醒的宣言。她认为，没有独立的服装性格，也就没有人格，没有妇女的人格，就无法摆脱对于男人的依附和依赖。香奈儿用她那色彩素雅、直线条造型的服装，成为新时代职业女性的象征。其服装真正诉说了女性的自主自立，不仅仅是经济上的，还有精神上的，重新拥有自信、优雅、健康、自在的审美情感。

可可·香奈儿对世界最大的影响不仅以先锋的理念改变了20世纪女性的衣着，更为重要的是她本人为女人们树立了一面猎猎作响的旗帜：忠实自己、不委屈自己、不浪费自己，最大限度地活出属于自己的光彩和价值。在《时代》(TIME)杂志评选的“20世纪最具影响力的100人”当中她是唯一上榜的时装设计师。

而Dior“New Look”(新风貌)不仅是一套服装，其系列作品轮廓具有柔和的肩线、纤瘦的袖型，以及束腰构架出的纤细腰线，强调出胸部曲线的对比。Dior 先生使用了大量的布料来塑造圆润的流畅线条，并且以圆形帽子、长手套、肤色丝袜与细跟高跟鞋等饰品衬托整体气氛。从那天起，人们被压抑的那种追求美的天性再度迸发。一个经典从来都是因为它提供了一种全新的生活态度而被载入史册的，“New Look”所呈现的不仅是一套服装，而是一种生活新机遇，是和平时期才能出现的悠然华美的姿态。

杰出的设计师范思哲，寻找一切元素来表达他内心永恒追求的性感。男人心中最美的女人是什么样子？倘若妓女有着贵妇的高雅气质，或贵妇有着妓女的风流体态，那就是女人中的女人，比如中国古代的四大美女，秦淮河上的八大艳妓，比如张艺谋电影《金陵十三钗》中的玉墨。她们高贵如王妃，闪亮如明星，她们是大众情人，如戴安娜王妃、麦当娜和辛迪。人们形容“穿范思哲时装就如同你开着法拉利敞篷车，时速七十英里，并且收音机开得震天响，一路招人瞩目”。

穿上范思哲，即使普通气质的女子也会平添一种诱惑力。伦敦《泰晤士报》坎贝尔·约翰逊评价：“从个性力量来看，范思哲使世界上最富有的和最惹人爱的女士，穿起来都像妓女。”

近年来，东方的服装设计师们寻找东方美学比例与表达，从色彩到廓形，从灵感到设计密码，把厚重的东方美学元素演绎得透气、轻松、摩登。日本著名服装设计大师三宅一生，他的设计造型夸张、材料新颖，并以一种新的服装秩序震撼着人们的视觉，被誉为20世纪最大的服装创造家。东方服饰文化和哲学是他创作的源泉，他打破常规，把褶皱作为服装的特征发挥到极致，他的服装由顾客穿着后完成服装款式的最后造型，穿着者摆脱了服装结构的束缚，使服装与人体的形态完美结合并呈现出一种雕塑般的艺术美。他在设计中强调的“人、布、衣”三者与“自然”的关系，无不时刻地感受“天人合一”“禅”的哲学思想。他说：“我最大的愿望就是能做出使人们获得不亚于身体感动的、震撼心灵的服装。”

中国的优秀设计师们，做服装设计善用艺术背后的大境界来表达。他们对青瓷、丝绸、书法、玉等中国传统文化元素有独特诠释，结合世界时尚化，使服装设计中的中国元素透着强烈的时尚气息，用意象化的服饰语言传递出中华文化的精粹。中国顶级时装设计师吴海燕总结：左手要抓住中国传统文化，右手得抓住世界时尚文化，把传统文化活化于当下，使作品“以民族精神为魂，以传统文化为根”。

“例外”因为第一夫人彭丽媛做高级定制而一夜成名。其实，它是中国比较早的设计师品牌服装，它的首创设计师马克赋予了每件时装以灵魂。其服装如同中国的山水画行云流水般，宽大的衣袂，却很少用到钉、绣、贴的装饰手法，一种禅意和返璞归真的意象若隐若现的发散出来。例外品牌是为“例外”女人而生，她们是一群清楚自知、独立、关爱自己内心感受的都市知识女性。一个设计师品牌，国际知名、行业认同并不是其中最高境界，而只有由一位灵魂高尚的设计师成就一个具有高尚意义的品牌，才应是其中最高境界。一个或一些灵魂高尚的人，通过一个高尚的品牌将高尚的元素传播开去，会促使许多人因崇尚高尚而不断的自我完善，这个世界也因此得到某种意义的完善。马可的服装设计充分体现其“无用”的哲学观：“服装之于我就如同油彩之于画家、石头之于雕塑家一样。作为一种单纯的个人创作、语言的独特表达，让人们不停留于对其表面形态的观赏，而走向内心世界最深处的交流与思考。”

1.5 政要着装是政治宣言

对政治家来说,服饰是一个政治宣言。在国际舞台上,政治家的穿戴打扮实际上是与大众交流的一种方式;政要们如何着装不仅影响到时尚潮流,还是传达政治信息的重要工具,甚至成为一种有效的施政法宝。都被视为具有一定的政治寓意,近期有两本“奇书”在世界权力圈被广为阅读:一本是英国时尚名记罗伯·扬的《权势穿着》,另一本是美国前国务卿奥尔布赖特的现身说法《读我的胸针》。

政治家的着装风格往往需要经过精心考量后的决策,用以向公众诠释其人格特质与政治立场。女性如何穿得既权威又不失优雅女人味?撒切尔夫人树立了榜样:廓形硬挺而不失女性特质,质地上乘却不奢侈浮夸。金发像头盔一般后拢,而招牌式的珍珠耳环、项链是其风格标签。其着装风格,刚柔相济,令权力散发出性感的味道。

政要对服饰的迷恋,很大程度上受政治动机所驱使,懂得在复杂的政治氛围下如何包装自己。奥尔布赖特会见萨达姆时,戴蛇形胸针,以示强硬。希拉里访问中国时,为迎合中国人对红色的吉祥崇拜,着一袭红色的拿破仑领的精干着装。每逢国家盛典时,奥巴马必穿美国货"林荫大道"皮鞋。丑闻缠身的克林顿为讨好民众而着"华盛顿装"。阿富汗总统卡尔扎伊十年不变的阿富汗披风和羊皮帽,只为突出阿富汗的"国际存在感",假如,穿西装会给人民感觉他是个傀儡,坚持穿民族服装能够让他更容易得到阿富汗人民的信赖。卡尔扎伊唯一西化的地方是脚穿意大利皮鞋。

"二战"后,所有对西方有抵触情绪的国家领袖,都非常刻意地拒绝在公开场合穿西装。非洲很多国家的元首在正式场合都五彩缤纷地穿着大袍子,这袍子肯定比西装舒服。原殖民地领袖不穿西服是一种政治态度。卡斯特罗动不动就一身迷彩;委内瑞拉的新总统也是冲着美国人穿衣服,永远一身红色的衣服,强调他反美的、左翼的立场;还有金正恩一身黑色立领服装,想到朝鲜就透不过气来;伊朗人认为领带是帝国主义的枷锁,所以内贾德西装外配小圆领衬衫,但是不戴领带。

毛泽东最懂服装政治。著名设计师卡尔·拉格菲尔德说,世界上只有两个人有以自己为命名的外套,一个是香奈儿,另一个是毛泽东。中国人喊了一百多年的中山装,在西方被称为毛装(Mao Suit),中山装是孙中山发明的,但被毛泽东发扬光大,穿得全球闻名。毛泽东从不穿西装,表明他的政治立场,但这不说明他不讲究穿,正相反,说明他太知道领导的服装选择是一个政治宣言。1949 年新中国成立以后,中央从上海最好的裁缝中选拔出来一批年轻裁缝,原来都是做西装的裁缝来北京给领导人做衣服。

日本政府大多短命如昙花一现,你方唱罢我登场。但每一次新组的内阁成员集体拍照且不说他们身材怎么样,倒是个个燕尾服,精神抖擞,新官上任嘛。想起 1945 年,日本战败受降仪式上穿的是晨礼服,非常符合国际礼仪标准。但也有一些拙劣的领导人,出于奢侈与自恋,沦为服饰政治学上的笑柄。埃及前总统穆巴拉克西服上的条纹,全是他的名字。他的自恋,正好投射到权力上的恋栈。

卡米拉随夫君查尔斯前往美国"9·11"世贸遗址献花致敬,却不合时宜地穿着深红色意大利羊毛外套,被人讽为"时装灾难"。那些只是把奢侈服装当时尚的,或把新奇服饰作品位的,除了昔日世袭帝王之外,再无政要会幼稚到接受这样低级的形象包装。

2 命运"穿"出来

你难道不希望自己用得体的服饰表明你对人的尊重和得到社会的尊重吗？想展现你独特的气质和魅力，穿着就是最直观的表现方式。穿得成功，不一定保证事业也会一帆风顺，但是穿得不得体，却几乎注定要失败。重才不重貌的时代早已过去，秀外与慧中同样重要！

> > > > > > >

2.1 “好看”就会被“看好”

外在形象出众，体态优美，容貌秀丽，风度翩翩的人总是更容易赢得人们的好感，电影明星不必说，一些运动明星之所以受到公众的青睐，成为人们心目中崇拜的偶像，除了其技艺上的魅力外，其外表的超凡脱俗也起了很关键的作用，运动员郭晶晶和田亮都是明证。

中国一线城市A级写字楼出没的人，看上去大多身材苗条，着装得体，保养得宜。只隔几个街口，换到普通的社区，路上行人和公司职员则差了一个档次。难道“好看”的人真的比较被“看好”吗？

《漂亮者生存》一书的作者从美丽面孔的构造谈到人类的生存空间，指出崇尚美丽是人类不可磨灭的基本部分，每一种文明都崇尚美，甚至付出庞大代价追求美，结论是：对美的追求，是人类基因进化的动力，也是人性欲望与幻想的混合体。当然外貌不等于一切，它无法告诉我们智慧、善良、同情等内在品质，而这同样是我们之所以称为美的原因，但人们依然依靠外表来判断事物。

企业主的确有选择漂亮的人的动机，尤其是高端服务业，长相和身材好的职员有提高公司形象的作用，靓女更容易敲开客户的门，客户会更多地关注她们，更注意听她们的叙述。外表靓丽的人因为自身的外貌和受到其他人的优待，会变得更加自信，客户、老板和同事更愿意与漂亮的人在一起，所以他们的成功有外因。

形象好的人也有成功的内因。保持身材，着装整洁得体，需要有强大的自制力，红颜不老的背后不过“认真”二字。做人的标准有多高，你就能走多远。穿衣也一样，每天凑合标准，一生凑合；平常标准有多高，一生品位就有多高。对形象讲究的人，对生活和工作上其他事情也可能更加精细。

中国古话说“相由心生”，就是有什么样的性格和生活习惯，就会有什么样的外表。很多人喜欢以貌取人，所以那些长得好的人更易受到欢迎。两者相辅相成，长相好，身材苗条，注重装扮的人更有成功的可能也就不奇怪了。

香港一个网站调查显示，64%受访者认为，美丽商数可提升个人竞争力。香港“生活易”网站访问了1200多名20至34岁之间的白领丽人。调查结果显示，由仪容、风采及涵养组成的美丽商数，是人力资本的重要元素。有94%受访者同意，美丽商数有助工作表现；82%认为，商数越高，越受同事及客户欢迎；55%则认为，商数高可加强自信心及提升人际关系。世界著名美女经济分析学家、美国德州大学教授Hamermesh研究后发现，美好的形象不仅能带来额外的收入，更是一种极强的生产力！下图为《杜拉拉升职记》中，杜拉拉任行政助理和人事总监前后形象判若两人，收入也从3千元/月上升至3万元/月。

职场着装，职业第一，美丽第二。成熟和稳健是关键。

2.2 “势利眼”看服饰

人们常常企图透过一个人的外貌和言行，判定对方最深层次的思想和意识。一个放浪江湖的人不会在意衣服上的那点灰尘，一个谨小慎微的人必定言谈严谨。一个女人穿着睡衣逛超市或在小区散步，怎么也联想不到优雅和品位这两个词。一个女人穿着不得体，整个家庭不得体，可以想象家庭面貌也好不到哪里去。而精致的装扮或自然怡人的妆容，表现出一个人对生活的要求以及对自己负责任的态度。

亨利·詹姆斯说：“一个人的房子，一个人的家具，一个人的衣服，他所读的书，他所交的朋友，这一切都是他自身的表现。”而服饰最能代表一个人的个性和风格，诠释着一个人的人生理念，服饰不是简单的穿衣戴帽，而是灵魂的独白。如果对方穿着传统保守，人们判断此人是理性可靠，穿着高贵典雅的服装则说明了此人的成熟与品位，而着装大胆而张扬也许此人性感诱惑有个性，等等。

其实以貌取人是不全面的，一个人的内在和外在并不是一定和谐的。所以人们往往有看“走眼”的时候，但尽管如此，人们在对一个人做出一定的身份判断后，就会给他相应的对待。令我们好感的人，往往更乐意积极主动地交往甚至倾注全力地去帮助他们。特别是那些看上去“有身份”“有地位”的人，人们给以更多的优惠，这是人类一种很奇怪的心理表现。有时候，是出于利益考量，希望那些人能给自己带来好处，但更多时候并没有得到任何好处，而是情不自禁地对他们另眼相待。这就是人们常说的：人人都长着一双势利眼。古人说的“先敬罗衣后敬人”也是此意。有心人就会利用人们的这种心理倾向，更容易获得自己想要的资金，做成想做的买卖，得到更多的机会。

人人都是“势利眼”，我也不例外。我的势利在于喜欢与美的人打交道。这美的人不一定有钱但有趣，不一定长得漂亮但一定眉清目秀，赏心悦目，心态阳光，外表整洁体面。我势利还表现在“喜新厌旧”：不断结交新朋友，远离无趣乏味消极永远停留在旧时光的人。留下经典的大多是常作自我更新与时俱进的“作女”。

我的好朋友小丽，每次见面都是生机勃勃精力充沛的样子，与人说话一开口便是金玉良言，口吐芬芳，极少听到抱怨的。即使苦心经营的婚姻一朝分崩离析，痛苦伤悲，夜不能寐，但早上起来也尽量把自己打扮齐整，穿上给自己带来好感觉的衣服，戴好手表洒好香水再出门。回家重新布置家里的摆设，换上暖色调的窗帘和沙发布，阳台里种上黄瓜、小番茄，把一个人的生活过得有滋有味有秩序。这样一个“死要面子”的人，像乱世佳人郝思嘉，哭过之后，左手握右手，告诉自己：明天，又是新的一天！现在的她终于遇到“对”的人，携手开始美好新生活。谁都愿意与美的事物打交道。爱生活爱美的女子更易得到幸福。

世界著名形象学家英格丽·张告诉人们：这是一个两分钟的世界，一分钟让别人认识你，而另一分钟就是让别人欣赏你！而机会往往就在这两分钟悄然而逝！因为形象没有得到正确的管理，多少人总被拒绝，多少人不受欢迎，多少人事业失败，多少人情感流失；因为形象的问题，多少人总在困惑，多少人没有自信，多少人经历惨痛的人生。

一位开设婚姻心理咨询所的咨询师，屡屡被人误解和不信任，只因她不修边幅像卖菜的大妈；一位政府官员总是被认为能力不行，只因她另类出格的服饰让人感觉不到她的权威和信任；一位“剩斗士”，相亲中屡战屡败，只因她男人婆的模样让人看不到温柔动人的一面。

正如罗伯特·庞德所言：大部分不成功的人之所以失败，是因为他们首先看起来就不像成功者。再者，他们看起来就不想成功；或者根本不知道什么是成功，或者当成功机会来到时，他们不知道如何把握成功。

形象管理的时代已经来临。如何给人以赏心悦目的良好印象，如何成为商务社交的焦点人物，如何赢得每一次成功的机会，是我们一生永恒的课题。

2.3 穿衣经济学

穿漂亮衣服比穿便宜衣服生活成本更低。什么是漂亮衣服？我们看见过，女医生穿着水晶高跟拖鞋、低胸迷你连身裙，给人看病；看见过，写字楼里穿着皮短裙、长靴、背着亮片小坤包的OL；看见过，穿Armani西装搭Nike波鞋的企业老总；看见过，穿T恤走红毯的明星；看见过，穿皮草出席两会的女代表；看见过，穿着香奈儿戴着大钻戒去慰问灾区的女主播；看见过，穿着艳丽时装搞道歉仪式的艺人——其实，真正的漂亮衣服不在衣服本身，能让衣者和谐得体、感觉良好的衣服，才是漂亮衣服。

为什么穿漂亮衣服比穿便宜衣服生活成本更低？因为节省时间，节省成本，易获取他人信任，增加成功的机会，更重要的是女人穿好衣，不但显漂亮、性感，而且能增加自信，自信带来好感觉、好运气、好人生。何乐而不为？

朋友阿芳，无论什么时候，都穿得精致考究，恋爱时舍得投资到穿戴行头上，她说："有钱男人怕什么？最怕你爱的不是他，是他的钱，所以你不能显得寒酸小气，爱占便宜，你得显得我有，我不靠男人，我能自己赚钱买穿戴。"公司竞选事业部部长，她击败强有力的竞争对手。老总选她的理由是：她每次出场，都能良好地代表公司形象，有助于提升我们公司的档次。同时她负责的部门资金流动大，一定要个稳妥不贪的人，以她的经济条件，她不会贪这种便宜葬送自己的前程。真好，她终于过上了跟她的衣服相匹配的生活，虽然付出很多时间和金钱，在镜子和时装柜台前，但他的回报率还真比一般人高。

我在企业做人力资源总监时，当看到一位赏心悦目的应聘者走进面试房间时，已经在心底给了第一个好评，而对衣着不整的面试者，一般不会给他机会，理由很简单：他不懂规矩，不懂得珍惜的人是不可靠的。

美国作家斯蒂文·杰菲斯经过多年的调查研究写出《外貌至上》一书，以翔实的资料印证了社会上普遍存在的“悦目情结”。悦目的人在招聘中被录用的机会高于普通人2至5倍，平均工资也会高出普通人的12%到16%。而“障目”的人被解雇的可能性高于普通人2至6倍，悦目效应对男士也一样有效，宝洁公司曾和国际调研公司针对全球数百名HR经理做过调查，发现注重仪表的男士在被录取升职和薪酬待遇方面都要更有优势。

美国前总统肯尼迪的夫人杰奎琳，以其独到的审美品位融高贵与优雅为一体，成为永恒的时尚标杆。

美国华尔街有条潜规则:穿破皮鞋的男人是没前途的男人。那么什么样的女人是没前途的女人呢?我的回答是:不会花钱的女人是没前途的女人。切莫误解这句话的内涵。真正会花钱的女人,并不是只知道消费的败家女或"月光族",而是清楚明白财务状况,平时节俭滴水不漏,下手时却稳、准、狠,什么时候投资什么时候消费,算计精妙,钱是越花越多。而一味抠门的女人,自己穿得不三不四,家里的人也穿得不三不四。断了自家前程不说,还会坏了家庭的运程。我们在电视上常常看到,公司老总着装不合礼仪,政府官员在重大会议上甚至穿咖啡色西装系粉红领带。每个男人背后站着一个什么样的女人,透过男人的衣着,有经验的人可以清晰感知到。你省的是小钱,丢掉的是机会、财富、前程,甚至还有做人的尊严。

不修边幅和不在意形象的习惯,是阻碍女人事业发展的重要因素。这个社会是圈子社会,在商界更加明显,你的服装、领带、皮鞋、手表都会告诉你的合作伙伴,你们是否在同一个领域,没有人有义务必须透过连你自己都毫不在意的邋遢外表去发现你优秀的内在。在一些十分注重外在形象的外企、金融等行业,穿衣不讲究,几乎没机会没晋升。甚至公司要裁员就先从穿着最差的人开始。

中国许多职场女性忽略,甚至完全不在意自己的外表,常常不修饰自己,穿着质量低劣、没有风格和品位的服装走进办公室。她们没有意识到:引人注目的、高品质的、有品位的着装形象能够让别人更加尊重你,女人的着装反映了一个女人的能力,出色的外表对女人的事业起着推波助澜的作用。

希尔顿说得好:无论到哪里都要打扮得漂漂亮亮。人生苦短,由不得你泯然众人。

许多女人告诉我,穿衣服"舒服"便好。那么我们什么时候最舒服?应该是身、心、灵都得到满足的时候最舒服。如果自己穿着感觉爽而别人看不惯,我们的心里也不会感到舒服。王兰是装潢工程师,工作的性质决定了她大热天也要经常跑施工单位,她的着装经常是无袖衫配短裙或短裤,脚蹬一双凉拖鞋,还要背个大包,这身装扮到一些机关单位却常常吃闭门羹。这些单位对这种非常不正式的衣着似乎特别"警惕",保安经常把她当成推销的,反复盘问,还要签会客单,而对衣着整齐的访客则问清楚"找谁"就行了。自尊,先尊重别人,最终要达到别人也尊重你,否则自尊便成了自我娱乐。

许多女人有这样的体会，当我们穿着新购置的心仪的服装上班时，觉得整个人又充满了自信和新鲜感时，工作更有激情和效率了。服装影响心情，而心情有时能决定命运。

一个女人妆容精致，衣着优雅入时，往往成为公司里最亮的一道风景线。智商与情商、刚与柔、奋进与周旋，永远是女人的制胜武器。美丽固然不是让你荣辱升迁的唯一指标。没有智慧，那也只不过是女人华丽的外衣。但当这个世界越来越多既有能力又有抱负的女人加入到职场战斗的行列，能够与头脑相匹配的美好形象就成为不可或缺的一种力量，它在时刻告诉你的敌人和战友，你永远在一丝不苟地要求自己，你永远不肯向疲惫和慵懒妥协，你要意气风发，光鲜无比地面对每一次挑战并且取得最终的胜利，美丽对于智慧的女人而言，更像是一件可以辅助你克敌制胜的“战衣”。

2.4 穿衣透“心机”

着装是自我的一面镜子。有人说:有钱人懂得包装,没钱人懂得假装。其实在如今形象管理时代,不管有钱没钱都在包装自己。有时品牌往往比品德还重要。所谓“三分长相七分打扮”,天生丽质的明星,打扮得体与否效果也相差十万八千里。即使你是个最平凡不过的人,只要你愿意去包装自己并懂得如何包装自己,你就会变得美丽出众。

所谓包装,无非是外表和内涵两种。只有外表而缺乏内涵,你有可能得到很多机会却抓不住;只有内涵而没有外表的话,你也许连机会都没有。所以最好是内外兼修,均衡发展,外表和内涵都达到一定的高度。

外表并非越讲究越好,最重要的是量体裁衣——各行皆有潜规则。商界靠实力,政界讲严谨,艺界比拼的是新潮另类,必要时用绯闻赚取眼球。

商界着装要“摆谱”。人生是大舞台,其实我们每个人都是演员。只是有的是演技派,有的是本色派而已。见人说人话,见“鬼”穿“鬼”衣是基本功。人人都要扮演不同的角色,做自己的前提是学会适时、适境、适人,达成认同。北京万通集团董事局主席冯仑下海南做生意,只有500万。区区500万要做房地产生意,岂止是天方夜谭。为了筹备资金,冯仑找到了一家信托公司,先给对方讲了一通自己从中央党校到中宣部和国家体改委等复杂而有背景的资历,让对方不敢对他有丝毫轻视,再不失时机地说自己手头上有一单好生意,说得对方怦然心动,然后提出一起合作的建议:我出1300万,你出500万如何?这样好的生意,对方肯定是答应。于是,冯仑拿着这500万,到银行做现金抵押,又贷出了1300万,随后就用这1800万,买了8栋别墅,包装转手,净赚了300万元,这就是冯仑在海南淘的第一桶金。

什么是摆谱？我的理解就是不快乐装出快乐的样子，不自信装出自信的样子，不美装出美的样子，一个人的视觉形象可以走在成功的前面。这世界是一面镜子，你是如何看待自己的，别人就如何看待你。这既是对自己的心理暗示，能催人奋进，也是对别人的一种提醒，谁敢轻视自尊自强的人？装久了成习惯了，习惯了就自然了，自然了，假的也就变成真的了。真的全有了，还装什么？所以冯仑说：做大生意必须得先有钱，你可以没钱，但是你不能让别人知道你没钱。当大家都认为你有钱的时候，就都愿意和你合作，这样，你就真的有了。摆谱不是为了满足个人的虚荣心，不是为了让自己看起来更有面子，而是包含了或多或少的实际利益考虑。假如你的表现让人感觉是可信的有钱人，那么，导游小姐将会更耐心地为你讲解；会场服务员也会把你领到贵宾室；商业伙伴更愿意与你合作。如果你表现得像个儒雅的绅士，那么在公共事务中，人们就更愿意听取你的意见，让你做代表与领头人。因为人们本能地愿意给那些尊贵的、体面的人以更大的信任和更多的机会，形成了社会地位再生产中的“马太效应”。

商场如战场，出行所带的所有行头就是你的“战衣”，表面看着都是些衣服的事儿，某种程度上也能和战场上的生死攸关相提并论。尤其对商界精英而言，着装可以不花哨，但不能没品质，在商务交际场合，这些行头就是你的第二张脸，卖相好不好第一时间能决定你是否有吸金的人气和成功的希望。作为精英商务人士，无论是在正式商务谈判现场还是休闲商务活动场合，绝对不能缺少的是名贵的西装、精准的腕表和考究的皮鞋。这是基本礼仪，也是展现个人优雅魅力和严谨态度的关键环节。

一位女性朋友，并非拜金女，但偶尔也会买点奢侈品犒劳自己。金融危机中事业受创，而恰在此时去购置了一块经典的欧米茄手表，她说：越是倒霉的时候越要斗志昂扬。手表是女人身上唯一带理性的装饰品，男人不敢小觑戴手表的职业女性，同时也满足自己小小的虚荣心：你值得拥有。

摆谱亦有道。只买贵的，不买对的，一身名牌和 LOGL，穿成暴发户的，也不乏其人。毕竟，没有内涵，钱再多，也买不来“品位”二字。

政界穿衣尤其需要“心机”。“为自己而吃，为别人而穿”，对官员而言，穿着是绝对不能疏忽的地方。要想成为流芳千古的“风流人物”，必须先厘清自己的“衣冠”问题。因为对于政治人物而言，穿衣之道绝不仅仅只代表个人品位，而更是一场马虎不得的权力游戏。“着装要讲政治”，领袖人物的着装及其色彩往往与时局、政局有着密切的联系，其实它也是一种语言，不仅传递着领导人的个性信息，也传递着丰富的政治信息。如领袖着装严谨，对时尚敬谢不敏，但他们恰恰在以自己的方式引领着时尚潮流。

真正的“女汉子”，乃“心有猛虎，细嗅蔷薇”，心中有担当，外表却非犀利和中性，甚至可以温婉柔美，韩国总统朴槿惠是其代表。其思维之缜密、处世之高超、内心之笃定皆可从服装中得以管窥。风格沉稳，款型经典，色彩选择和搭配高超，除了常规的黑白灰，更是大胆选择温暖明亮的蓝绿色系、粉色系、紫色系和亮黄色系等清新色系，饰以项链、手表、胸针等物，加之散发女性柔和、慈悯、温暖的微笑，给人以如沐春风的清新感。既职业又时尚，既端庄又性感——是的，权力可以很性感。其人其衣写的是“品格”二字。

平民百姓穿衣不当是小事，而官员着装不当就是“灾难性着装”。在大型庆典场合，官员身穿休闲装、脚蹬休闲鞋就登场了；在香港某个重要纪念日，一位官员去大会堂英雄纪念碑献花圈，脚上却穿一双懒汉鞋，配一双白袜子，这在重要场合是极失礼的，这种场合穿系鞋带的皮鞋才规范。事实上，中国很多官员有成套的西装却缺乏一双系带的皮鞋。

政界人物穿衣风格是最能显示其智慧的，它是一种“衣商”，不亚于“智商”和“情商”，闪耀着思想的光辉。代表人物米歇尔·奥巴马，她是一个非常注重自己的形象、举止及衣着品位的人，但她的一些服装价格低廉，被一些时尚人士讽为“低端市场”。其实这正是她高明之处，时尚人士为穿衣而穿衣，而她懂得作为政治人物，穿衣之道在于亲民。她让数百万女性看到这样一个偶像，她的风格你也效仿得起——至少表面上如此。

换言之，权力阶层的衣着并非高不可攀。她的穿着也像她丈夫一直主张的“改变”一样，传递了白宫时尚的一种改变：看上去时尚前卫，但却休闲、亲民，不拒人于千里之外，或者自命不凡。有人评价：形象并不是米歇尔的工作，但是她却把它当作最重要的工作之一。她才是奥巴马竞选成功的决定性因素。

与商界相反，政界人物的服饰低调、含蓄、内敛。一块腕表，可以是标榜清廉的符号，也可能成为压垮贪官的最后一根稻草。在西方社会，官员戴名表是大忌，更不用说霸气外露的金表。小布什戴的是一块黑色表带的天美时表，只有 50 美元；奥巴马戴的表 Jorg Gray 不过 325 美元，但因为是总统戴的表而成为西方年轻人的时尚单品。而中国的某局长“表叔”可以拥有十几块世界顶级奢华名表而且到处招摇，抛开别的不说，至少在政治上是一个“缺心眼”的人。

3 致命的第一印象

一个人在短短几秒之内即被设定第一印象，第一印象不佳，以后需要用 30 倍的力量才能扭转这种损失。第一次的印象和感觉 90%都来自你的着装和仪表。在这个效率至上的年代，谁还要做细细品味方知风华的第二眼美女？第一印象不是看你思想多华丽，而是看你外表多精神。第一印象会左右许多人生的机会，我们需要给别人留下漂亮的第一印象，也需要自己的精准的第一印象判断力。

> > > > > > >

3.1 第一眼的感觉

漫步街头，你会不自觉地打量别人，而别人也在默默地打量你——这个“打分系统”同样适用于相亲中的男女，新结交的朋友，第一次会面的客户等。一个人给人的初步影响力，几乎永远是视觉上的。在真正了解一个人之前，我们早就在第一眼看到他时，便形成了对他的看法。如果他的样子顺眼，我们就会在他身上寻找好的特质，如果他的样子不讨人喜欢，我们就会倾向于探索他不良的特质，以便支持我们的第一次判断。一个人给人的第一印象是难以泯灭的。往往能够激起我们情感中最强烈的部分，就像照片一样，将我们的情绪定格在那一刻。

美国服装专家约翰·莫雷《为成功而着装》中说，我站在纽约的大街上，从过往行人的着装和身上的饰物，就能一眼辨认出他是一个高级经理还是一个皮条客，是一个赌徒还是一个暴发户。

“第一眼”到底多长时间？

个人阅历、性格、判断能力不同，第一眼的时间各有差异。经专门研究，人与人之间的印象大约在第一次见面后15分钟内形成。但也有人认为在人与人见面的时候，对一个人的好恶产生于见面的头30秒钟，还有人认为是7秒钟。总之，第一印象时间不会太长。对我而言，第一印象是看到的第一秒钟就决定的，如面试时，应聘者一进门其形象如果令人感觉舒适和谐，他的初试可能就通过了。在你还没有表达以前，很可能实际上这个考官已经认同你了，再加上复试等流程，你就可以得到一个你所应聘的岗位。

第一眼的聚集点在哪里？

美国一本畅销杂志曾以如何赢取面试为主题，对在短短几秒之内，你对刚认识的人，会注意哪些事情做深入调查，结果顺序为：第一服装配饰，第二年龄的推断，第三表情的反应，第四行为举止，第五声音，最后考虑的才是谈话内容。美国心理学家奥伯特·麦拉比安的调查更为精确，他发现人的印象是这样分配的：55%取决于你的外表，包括服饰、个人面貌、体形、发色等；38%是如何自我表现，包括你的语气、语调、手势、站姿、动作、坐姿等；只有7%才是你所讲的真正内容。

对于迎面走来的陌生人，男人更看重的是女人的身材和脸蛋，女子更喜欢对一个穿得颇有功力的女子仔细端详——女人其实比男人还爱看美女，正如日本时尚达人齐藤熏所说：女人一定会观察最时髦的女人，更准确地说，女人绝对不会忽视比自己时髦的女人，如果比较之后，感觉自己哪怕胜出一分，眼神也绝不会停留，但凡觉得自己输了一点点，最短也会注视你3秒钟，还会从上到下打量你。如果你某天感受到同性的注视，那就是你穿得出彩的一天。

为什么服饰成为形成第一眼的最重要的依据？

建立人的整体形象分四个阶段。第一阶段是感觉阶段：接触的各方还没有形成有效认同，只有对对方表面的一些感觉。初次接触中形成的“形象”是关键。第一印象不佳，以后需要用30倍的力量才能扭转这种损失；初次接触后的再接触阶段，这时“性格”是关键；多次接触中“行为”是不可替代的关键；而长期接触中“品质”是震撼人心的关键。

人是以视觉为先导的动物。我们评价一个人，其实是从第一眼开始的。第一次见面，人们交往中没有太多时间去了解一个人的内涵、品质，给对方的印象好坏，主要取决于外表。由于服饰覆盖了人体90%的面积，当我们还没看清一个人容貌，来不及揣测对方心理的时候，大面积服饰已经给人们重要提示。也许一个人的外表并不完全代表他（她）的内在，但是，你深入骨髓的穿衣风格或多或少地会折射性格。如果一个男子全身风格凌乱没有重点，则很难令人相信他是一个逻辑清晰、思维能力强的人，而一个衣着邋遢的女子，也很难会在家里营造整洁与浪漫的生活情调。同时，人们通过观察他的外貌、着装、举止和精、气、神等，可以猜测他所从事的职业。如果这个人看上去着装简单而不随意，说话严谨而有礼节，人们猜测他的职业八成是公务员或教师；着装洁净，略显刻板，说话乖巧又略显夸张的人，则大多数是商务、服务业的外勤人员。

第一次见面，人们潜意识里喜欢与着装较正式、传统的人打交道，认为其可信、可靠。

西方的服装设计大师认为："服装不能造出完人，但是第一印象的80%来自于着装。"而犹太人认为，在自己的故乡，所受的待遇视风度而定，而别的城市则视服饰而定，也就是说，一个人的评价在故乡并不受衣着影响，因为人们了解他的言行，但若到他乡，人们要评价他就得看他的外貌、衣饰和言谈，因为人们还不了解其内涵。但现代社会，即使在故乡，人们的着装和行为也要符合场合的要求：什么时候正式，什么时候随意，什么时候统一，什么时候个性，这些都是很有学问的。也许在不经意间，一次简单的会面，一次普通的聚会，一次简单的谈话，可能就会决定你一生的选择。所以美国勃依斯公司总裁海罗德告诫人们：只有给人留下良好的第一印象，你才有可能开始你的第二步。

3.2 晕轮效应

事实上，人们往往通过第一眼的感觉去决定一个人是否值得关注，你第一印象给人的到底是什么感觉，直接决定人家愿意不愿意跟你合作，看不看得上你。

有一位企业家说，如果他在第一次见面中不喜欢一个人，就绝不会给再次见面的机会。美国签证官说：当一个人站在一米线以外，我已知道对方的身份、经济情况、素质，到美国是否会造麻烦等信息。当我感觉不好，我已经把他 PASS 了。当你过来签证时，我只是验证我感觉有没有错。这在心理学上称为“晕轮效应”。这个词原是佛教用语，即人们在拜佛时，被佛身发射的光照得头晕目眩而看不清佛像的正体了。

这种“晕轮效应”在心理学上的解释是：只要对一件事物产生了一种好的或坏的印象，我们对一个人良好的或不好的总体印象会影响到我们对这个人目前和将来预期的推论。如容貌美的人总是给予人“好感”，性情温顺、老实的孩子总被认为是学习好的孩子，流着鼻涕的人很少被当作聪明人等，这些皆属于“晕轮效应”。

比如成龙武功很好，人们就认为他其他方面如品性、社会交际能力等都应该比别人好，很多人从喜欢看他的电影开始从而喜欢他的全部。而事实上，原本他可能仅仅是有功夫会演戏，但在人们期待或暗示下，还有自身到了一定的境界，他真的极注重公众形象，去做公益和环保，做热心助人的大哥，最后真正做到了人们所期待的样子。

企业最初的合作看什么？

其实很大部分通过看衣着来判断实力和品性。一位企业家开发出一种新产品，朋友给他介绍了一个非常有钱的合作伙伴，见面那天对方穿着西装,里面没穿衬衣,只穿了一件圆领衫,手里拎着一部手机,一个典型的暴发户形象,他当时看着别扭,最终选择了别家公司合作。他的理由是:我缺钱不假,合作伙伴才是最重要的,他要参与,要管理,要与我共同决策,他的水平直接影响到我的生意,所以才不选择他。

第一印象不是看你思想多华丽,而是看你的外表多精神。成功的第一印象吸引成功,成功会吸引更大的成功,这是吸引力法则。成功者的形象能吸引更多的投资与帮助,这就像股市投资者常常投资那些看上去能涨的股。成功的形象能缩短成功到来的时间,而一个不良的形象则会把成功吓跑,甚至使成功前功尽弃,直至失败。

美国前总统尼克松早年与肯尼迪竞选总统,原本胜券在握的尼克松最后关头输给了毫无政治经验的肯尼迪,为什么?

许多美国人并不懂政治,他们往往以貌取人,认为人高马大、体态健美的人精力充沛,有能力领导国家,绝对不会选胖子当总统。在收音机上收听辩论赛的选民投票给尼克松,而在电视上收视辩论赛的选民则投票给肯尼迪。他们看到了什么?尼克松因前不久的车祸导致膝盖撞伤,疲惫不堪,而且服装肥大,显得萎靡憔悴。肯尼迪却衣着合体,面部表情放松,健康魁梧,精神抖擞,与尼克松形成了鲜明的对比。要知道人的视觉形象占整个感觉系统的75%。这时所辩论的内容已显得不那么重要,美国公民希望有一个全新的、具有领袖风度的总统,这时选民也只能通过直观的第一印象来判断和选择,尼克松失败了。

杜鲁门是在美国历届总统中穿得最不正式的一位了。他是唯一一个打着蝴蝶结领带、穿双排扣西服的美国总统,而且喜欢戴巴拿马草帽、翻檐呢帽等,穿花哨的浅色系衬衫,以及更为过分的棉麻质地休闲衬衫。引起人民的强烈反感,"谁能放心地将自己国家的命运交付给一个衣着花哨的花花公子呢"?后来杜鲁门认识到了问题的严重性,也开始穿起黑色的三件套西装,但是一切已经太迟,最终由于种种原因,他没有获得连任。他不当的穿衣风格,成了压死骆驼的最后一根稻草。

现在美国总统候选人没有一个不倾尽全力进行形象策划的。到位的形象,是一个人或集体的无形资产。现任总统奥巴马之所以能够成功当选,与其英俊的外表和良好的公众形象分不开。

3.3 “封面”设计要精美

衣服和人的关系，好比是书的封面和书的价值的关系。可能有些名气大的作者，不在乎书的封面设计照样有人看。正如杨绛先生说的：世界是自己的，与他人毫无关系。而你我凡人，如果不在乎书的封面是否精美，只怕人家连翻开看一眼的兴趣都没有。当然精彩与否，要看内容了。封面很花哨的书未必是好书，真正经典的书封面往往很朴实。但如果书的封面设计构思精巧，风格独特，其版式、印刷也极尽心力，更兼内容引人入胜，读之令人口舌生香。兼具引人注目的书名以及引人入胜的内容，那堪称人间珍宝。如同气质典雅、秀外慧中的极品女人，人所仰慕。所以即使气质如兰内涵丰富贵为第一夫人们，对其“封面”设计也不敢有丝毫马虎。

每个和你有一面之缘的人，都有可能成为你以后的贵人，但最大的贵人是自己，许多人一生等待着命运的转机，但命运女神到来的时候，你能否抓住她得到她的青睐呢？

一个人的形象越到位就会越自信，更加看重自己的价值，从而工作也更加出色，得到别人敬重和认同的程度也就越多。这一切反过来又会促使他更加注意自我形象，如此形成良性循环。

想起一则故事，说的是著名画家庞薰早期留法，学东方情调的画。9 年后，有人把他介绍给一位非常出名的老评论家。他只问两个问题：第一，你几岁出国；第二，你在巴黎几年了。庞薰回答：19 岁出国，在巴黎待了 9 年。“唔，如果这样，画就不必打开了，我也不必看了。你 19 岁出国，太年轻，那时候你不懂什么叫中国；在巴黎 9 年，太短，你也不知道什么叫西方——这样一来，你的画还有什么可看的？哪里还需要打开？”那以后他想到整装回国。后来他到杭州美专教学，还试着用铁线描法画苗人的生活，画得极好。整个一卷生命都不值得打开一看的，难道仅仅是这位游学巴黎的年轻画家！

凡人都是先敬罗衣后敬人，不要成为一幅“不必打开的画”。对自己来说，衣服靓，心情也会跟着靓起来。不管是谁，穿上龙袍就会三分像太子，穿上军服自然就有几分威风，这就是心理学上的身体折回原理。衣服影响人的心情，心情反过来影响穿衣效果。

得体的衣着展现了穿衣者良好的自我，也能够产生净化心灵的美感。每个人都有过这样的经历，穿上一身漂亮衣服，心情会立刻变好起来，步伐更为轻盈灵活，人也特别有信心，觉得周身上下充满了力量。无论是走在街上，进入商场里，或是在办公室，人们会对你格外礼貌和友好，这就是服饰的功效。

女性在上班时要化淡妆，哪怕只是涂一点口红，这样工作时，你就更有热情。在谈事情的时候，如果你看到的是干练、整洁、优雅的男士或者女士，你的心情会感到特别愉悦和幸福，同时，你的这种情感又会传达给对方，荷尔蒙会在空中飞，这其实是能量在隔空传递。

美丽是“妆”出来的。即使大美女，化妆前后状态也不大同。上班时化淡妆，可以振奋精神，快乐工作。

3.4 男女相亲要会“装”

不管男人嘴上怎么说，最初能吸引他们的肯定是女人的美貌。对男人而言，相亲就是个外貌游戏，不要说什么在意女人外表的男人很肤浅之类的愚蠢话，几千年来男人都是这么想的，有过改变的迹象吗？所以不要自欺欺人。还有抱定不计形象、想以强大内心征服男人的女人，在节奏极快的现代社会，多数男人已经没有什么耐心去慢慢了解那些“看起来不怎么样”的女人了。就好比一个厂家说他们的产品虽然看起来不怎么样，但实际上非常管用，你会有兴趣吗？男人们为了显示自己有深度，嘴上往往号称他们最看重女人的内涵，但实际行动通常会背叛这种说法。人类学家、社会学家和心理学家对社会如何看待“魅力女性”作心理试验：让两个女人站在路边一个爆了车胎的小汽车旁，等待路人的救援，结果漂亮女人总是首先得到救助；让两个女人对同一个男人提出赞扬，结果该男人在得到同是赞扬的情况下，对漂亮女人的夸奖尤为相信和激动；当要求男人自愿陪伴其中一个女人时，男人都愿意花时间陪伴漂亮女人，而对不漂亮的女人找各种借口；把同一内容的入学通知书，假装遗失在机场，通知书上的照片各异，结果被拾捡起来投寄出去的只是那些照片漂亮的人。

男人喜欢看漂亮女人是有科学依据的，男人看美女十分钟，相当于做半小时有氧运动。别指望光靠内涵征服男人，美貌是张门票，你连门票都没有，男人怎么会有时间有兴趣去了解你的内涵？

三分长相七分打扮，美女都是打扮出来的。即使天生丽质，装扮得体与否，也是天壤之别的。恋爱中的女人是包装给男人看的，别不承认。都说当今女性独立自己赚钱买花戴，不必看男人脸色要为自己而活，但在做人有主见，能悦己的同时，为悦己者而容，不是一件很幸福的事情吗？

香奈儿:“永远要以最得体的打扮出门,因为,也许就在你转弯的墙角,你会遇到今生至爱的人。”

恋爱中的装扮要懂男性心理学,男女的审美观差异是非常大的,所以说你按自己的爱好或者和女伴商量出来的结果包装,往往会让男人看了觉得索然无味。很多女人喜欢李宇春,也有很多女人模仿她的造型,可是你问问男人,有多少人喜欢?男人要找的是老婆、情人和妈妈“三合一”,绝不是找男人婆或女强人。女人要像女人,X造型是关键。但切忌用力过猛。打扮以清而不淡,靓而不俗为宜,小露性感,有胸就隐约露出你的事业线,有美腿可穿短裙,只露一个性感点便可秒杀对方。聪慧女子能巧用肢体语言传递你对对方的爱的感觉,如身体前倾,用手偶尔拨弄头发到脖子或耳边,那样可以散发更多女性魅力。

不少男人天真地以为,恋爱就是要本色示人。听听古代哲人柏拉图怎么说:美就是恰当。什么场合说什么话,穿什么衣,还是有普适标准的,“恰当”最重要。《非诚勿扰》是一个很有影响力的相亲节目,有的男子一上台,我们就觉得他“没戏”:一身红色夹克配蓝色牛仔裤,脚穿登山鞋,好像不是来相亲而是来斗牛的,平时怎么穿相亲时就怎么穿。这其实是不了解服装心理学。如同人们过生日时,总喜欢吃到比平时更漂亮的带裱花的蛋糕一样,女人第一次见面总希望见到一个有整洁体面外表的男士。

男女首次会面,缺点最易被放大,女人是感性动物,看到一个男人穿衣如此随便,推测其做事可能不靠谱,但有了感情后对方一些小缺点就容易接受。别以为你可以像爱因斯坦那样拥有一头乱发,一天到晚可以戴着王家卫式的墨镜,当你默默无闻的时候,那叫没“品味”,当你成名了,那就叫个人风格。想当年伟大的乔布斯去贷款和推销自己的电脑时,也不得不穿上西装打好领带。

女性的视野比男性宽广，女性的眼光比男性犀利、敏锐，女性较易经由观察小地方判断男性的人格特质与生活品位。对女人来说，鞋是判断优秀男人的检测器。有的甚至说：如果一个男人能够爱护自己的鞋，他也能爱护你。虽然说法夸张，但仔细推想，一个男人若能十分在意自己的鞋，至少说明他在意自己、在意别人、在意生活中的细节。那么，我们可以由此推测：他可能很有责任心，而且很可靠，甚至很有情调，可能会有较大的发展潜力。

人们潜意识地认同穿衣传统体面的人，穿衣分三个层面：视觉上有美感；心理上感觉舒服；社会层面取得他人认同。悦己的前提，是取得他人的认同，别人视我为神经病，你岂能开开心心做自己？所以第一次见面相对正式为好，这也是对他人的尊重吧。

一个人思想的格局影响生命的品质，反映在着装上要有明确的主题，你展示什么就会吸引什么。如果你表现出自己是土豪，那么吸引来的就是拜金女，你如果穿着过分妖冶暴露的衣服，那么闻风而来的必是短期选择的男人。想要别人觉得你有品位，穿着高品质的服装是关键。想要更加吸引对方的目光，比平常穿着略加性感一点即可。相亲就是要亮出最好的一面，不怕你“装”，如果你一辈子都“装”得有文化、有教养、有责任心，未尝不是好事。

维多利亚最懂男人心，即使瘦骨伶仃，也一定要穿出凹凸有致的曲线美。

当然，再美丽的外表也只能把对象吸引到你的眼前，想要留住，还得靠内涵：读书学习，做事做人，还要树立正确的人生观和价值观等。

3.5 面试着装“穿对眼”

在就业竞争日趋激烈的当今社会，要想成功就业，应聘者不仅应该学会向用人单位展示自己扎实的知识和技能，还要学会在面试中展示自己良好的形象。

面试着装是否得体直接关系到你的职业生涯。有一次，中央电视台招聘主持人，在录像资料中显示应聘者中等个儿，眉清目秀，口才了得，与主持的栏目风格很谐调，一些考官甚至以为此栏目非他莫属了。然而遗憾的是，一进入面试，人们看到的他穿着街上流行的双排扣西服，新潮时髦然不合体，显得腿短身材偏矮。考官认为：中央电视台的主持人综合素质要高，一个人不会穿衣，说明他审美能力不行，审美能力不行可能其他能力也有问题。他怎么也不会想到，是因为一件衣服，葬送了他的职业前程。真应验了西方谚语：断了一个马蹄钉，绊倒一匹马，摔伤一个将军，输掉一场战争，最后亡了国家。千万不要让你的衣服，成为输掉一场战争的“马蹄钉”。

国际通用的面试着装要求职业化、够专业、有条理。职场面试基本穿衣原则：适时、适场合、适身份、适身材、适年龄，适合公司的穿着文化和工作性质。问问自己，合身吗？有自信吗？穿得对眼就没错，看得舒服就是美，了解自己的条件，创造属于个人的职场穿衣风格。

第一次到风格严谨的公司面试，需要给人有权威、保守及有能力的感觉，着装宜选择冷色调，颜色要纯，尽可能不要或少要图案，材料须有悬垂感或质感，这样的着装给人稳重、收敛、含蓄的感受，没有图案的冷色、纯色，可使风格严谨的面试主考官注意力集中，有良好认同感。

如果您面试的公司风格自由、灵动，则米色、暖浅色系的服装会为您加分，飘逸、柔和的衣料感觉，会使您的主考官对您另眼相看，他们会觉得您思维活跃、有开拓力、灵活度良好，您为之呈现的这些风格正是他们要的，在未语以前，您就已经赢得一半的胜机。

如果你是面试官，有人在外等候排队面试，你首先会淘汰哪一位？

如果您要展现心态平和、宽容、快乐、专心，请选择没有图案的服装，或者小碎花图案也可以；颜色则应选择浅暖绿色、浅暖蓝色、米色、白色和浅银色等平和色系。服装面料柔和、平顺、大方，没有闪光。

注重细节。出门前检查自己的领口，现在大多是无领内衣搭配外套，如有三层以上的内外衣服露出，更会给人不讲究，做事缺乏精致性和条理性的感觉，会大大扣分的。如希望对方专心、平和，女性不适合佩戴大的易晃动的耳环。

大学生面试着装。大学生从学校到社会，只有在面试中给人留下良好的第一印象，才有可能开始你的第二步。对比中外人才市场，我们发现国外的人才市场，有着强烈的职业感，清晰、有条理、有秩序，中国的人才市场，五花八门的着装都有，运动服、休闲毛衣，休闲夹克、毛毛背心、针织衫、大棉袄、小棉袄等。招聘会现场，女大学生穿着背带裤、松垮的高领子毛衣，戴着可爱项链参加正式面试。

大方得体的面试着装

打造良好的职业形象，是大学毕业生成功就业的重要环节。很多大学生在面临毕业的时候，才开始手忙脚乱地选衣服，做头发，学化妆，浪费了不少钱还是不得要领。其实，大学生只要懂得以下几个着装重点，注重平时服装的选择和积累，就能在毕业面试时从容面对，达到事半功倍的效果。

第一，色彩搭配。

穿错了颜色，会导致皮肤发黄暗沉，不精神，而且五官模糊不清。穿对颜色可以让你五官突出，肤色健康。女生可以根据个人肤色特点来选择，如淡蓝色、淡粉色适合你的话，你就可以用他们作为贴近你的脸部皮肤的颜色（如衬衣、小西装等），让你的皮肤气色看起来更好，更精神，更有朝气；如果外套的颜色比较深，则可选择明亮一点的内搭；而如果外套的颜色很俏，则要选择无彩色（黑白灰）或次无彩色（色彩饱和度不高的、柔和的颜色）的内搭进行调整。你需要留给对方的印象是，严谨而不失活泼，青春而不失稳重。

身上的色系不要超过 3 种。不管男女都不要运用过于跳跃的色彩搭配，因为不管是什么样的工作，面试方都希望你能够严谨而负责地对待它，一个过于花哨的搭配，会给人留下不严肃和天马行空的印象。

第二，款式选择。

部分毕业生在面试前通常会选择职业套装，这也是比较安全简单的选择，适合你的气质、体型、肤色的西装。藏蓝色西服成熟理性，深灰色儒雅，浅灰色显朝气品位，衬衣的颜色最好为牛津蓝或白色，或者淡淡的粉色和灰色，同样是要求平整干净。传统大型公司，最好系领带，领带和衬衣西装的色彩搭配要协调。

由于社会的多元化发展，职业的分类也逐渐增加，毕业生面对不同的职业选择，面试着装也随之多元化，不再局限于套装的选择，时尚的职业形象，给毕业生带来的是更好的精神风貌。比如你去面试的职位是文员，里面穿一件简洁的连衣裙，外面只要套上一件合体的小西装，再配上适合的高跟鞋和包包，时尚而不失稳重，让你从容面对考试官；或者一件简洁的T恤套上简洁的小西装，下面搭上简洁的裤子或者半截裙，也是一种不错的时尚搭配方法。时尚着装套装的质地要给人感觉平整、干净、清爽，千万不要穿着布满褶皱的套装去面试，这样会给人留下不拘小节的印象，也会让整个人的状态大打折扣。

第三，注意细节。

不要以为鞋子在最底下就不会被注意到，相反，如果你穿了一双不干净或不合适的鞋子，会在第一时间被别人发现。因此，首先要保证你的鞋子是干净的、简洁的，对于男生来说，黑色或者棕色的简洁皮鞋是比较稳妥的选择，而女生的鞋子则可以丰富多彩，根据当天的服装颜色来选择鞋子，总的特点是简洁，颜色相对衣服来说不要过分跳跃，最好和服装搭配起来是整体协调的效果。当然，鞋子的高度最好在5cm左右，太高太低都不太适合面试的着装。

大学生的背包通常是休闲、可爱，且具有个性，但出现在面试场合并不适宜。建议最好选择与你的面试服装搭配协调的大小适宜款式简洁大方的办公用包。男生的包能放得下A4大小的文件，以皮质、简洁款式的公文包为宜，黑色或棕色皆可。

4 穿“自己”的衣服

世界上最有魅力，最让人心动的女人，并非一定拥有精美绝伦的姿色，而是她们拥有独特的味道和令人屏息的气质——而这些与她们独特的穿衣风格不无关系。风格源自内心深处对我们身体的了解，对生活方式的认识，对人生角色的开拓，以及对我们内心真正喜欢的东西的发现。现代社会，在每个人都有机会购买漂亮衣服的前提下，风格独特的穿着方式才变得如此重要和有效。做自己的 Fashion Icon，独一无二，无可取代。你是蔷薇，不必强求自己是玫瑰。穿“自己”的衣服，建立自己的风格标签。穿衣缺少性格，还有什么乐趣？

> > > > > > >

4.1 适合自己就时尚

女人为什么会有“衣橱里永远少一件衣服”的烦恼?

没有找到“自己”的衣服！什么是“自己的衣服”？适体适境更要适心的衣服,才是自己的衣服。“自己”的衣服是让我们内心愉悦,自我感觉良好,并能展现你最美好一面的衣服。如果你的衣服不能让你心情愉悦,如果你不喜欢自己穿的衣服,那你肯定穿错了衣服。

有人说:剪了一个不合适的发型,如同过别人的人生。穿衣何尝不是如此?打开衣柜,各季各色衣服堆满每个角落,一个月不重样,何等的让女人神清气爽,但要出席某个重要场合,要见某个她心仪的对象,这种时刻,满柜子的衣服立刻都变得狰狞可憎,竟然挑不出一件可以穿出去应景!

不是衣服的问题,是我们的选择观念问题。如果没有智慧的引领,在选择服装上,我们往往表现出愚痴状态,永远不满意现有的服装,总是看着别人的服装多、服装好,于是比较、羡慕、嫉妒、跟随,花费大量的时间和资金去到处转,购买成堆的衣服,可还是不能满足自己无止境的欲望,到头来还是填不满那个欲望的黑洞,烦恼和痛苦照样尾随。

我们每一位人都是一个独立的自我,是六十亿分之一。身材、面貌、肤色、性格、生活环境等都与别人不同,你的修养和心灵世界也与别人不同,那我们的着装怎么能与别人相同呢?就是同样的服装,穿在不同人身上,给人的感觉和效果也是不一样的。曼妙的旗袍,宋美龄穿出雍容华贵,张爱玲穿出华丽落寞,张曼玉穿出花样年华,巩俐穿出国际范儿,“梅须逊雪三分白,雪却输梅一段香”。

清代大名士李渔对服装有精彩论述:同一衣也,富者服之章其富,贫者服之益章其贫;贵者服之章其贵,贱者服之益章其贱。穿衣虽是门面功夫,何尝不也表达我们对自己的感觉!每件衣服都赋予衣者独有的个人色彩。

不是每个女人都天生丽质、相貌姣好、身段均匀有致,但做个聪慧的女人用精致且有品位的衣服来包装自身,是每一个女人都应该做到的。首先是了解自己,其次才能表达自己。了解自己的身材、社会地位、需要展现给别人什么形象,再去选择恰如其分的衣服,这才是高“衣商”。

你是一个什么样的人,才会长成什么样。你是什么样的,就应该穿成什么样。如上半身臃肿的人,就不能穿着肥硕的粗针套头毛衫;下半身赘肉的人,就不要去挑战极限,穿上瘦腿包臀牛仔裤去赴约。可总有那么多人,既不客观地了解自己,亦没有恰当地表达自己,对不起自己的身材,亦对不住他人的眼球。看见别人的服饰好看,就认为自己穿也一定不错,可当穿在自己身上时,却又并不如意,于是,经常为买不到适合自己的服装而烦恼。

每个人的时尚资质不同,但只要用心,都可以做到最时尚。

穿上适合你身体线条且颜色正确的衣服,是建立个人风格的起点,再综合考虑你的个性特点,你就找到自信的个人风格了。

一个人的穿衣风格,其实就是两个个体间的比例组合:第一个个体是你自己,第二个个体是你的衣服。两者的比例均衡最好,就是你的衣服看起来不但完全适合你的身材,而且显得高贵优雅。正确的比例也可帮你调整身材胖瘦,让过胖的人显苗条,让过瘦的人显丰满些。

要想充分表达自己,衣服上的所有颜色、设计、衣料和细节,都必须和穿衣人本身的个人色彩、体型和脸型取得平衡,同时这些元素必须和穿衣人的内在——言行举止取得平衡。穿衣人怎么看待自己,别人可以从这些非语言信息中,掌握到55%的资讯。这种非语言信息也是穿衣人个人风格的必要元素。

当你穿着能够适合自己的外形特征和自己的个性,看起来好像和你本人浑然一体时,就达到整体平衡了。

人要以“我”为主。要让衣服衬托你的脸。商品风格吻合就好看。你喜欢的东西,别人不喜欢。如有的明星戴大首饰,大家注意的是首饰,而国际名模戴大首饰,大家注意的是她的脸。

要买和本身的体型、肤色、个性可以“速配”的衣服。专卖店精致的橱窗和典雅的店堂都是通过专业人士精心设计的,其目的在于营造出一种浓情的氛围，勾起人们的消费欲望。可是，那些穿在模特身上的服饰不一定合适你，不要在雅致的灯光和导购的游说造成的假象中丢失或迷失自我。

奥黛丽·赫本用清新脱俗的服饰塑造出高雅、品位的经典形象，源于她内心对生活的热爱和“越简单越好”的穿衣哲学。

个人风格由独特的体型、脸型、个人色彩特质和个性所决定。你的衣服应该和你的体型、脸型取得平衡和协调，你的服装线条应该搭配你的身体线条，你穿的颜色应与你的个人色彩相符。人本身的色差、骨骼感、直曲等皆影响个人风格的形成。

色差是指人的瞳孔、毛发、皮肤色差，与服装色彩的对比度、纯度、光泽度相关。一个人色差大，清晰度高，服装颜色对比强，可穿鲜艳色；色差小的人一般都是长得柔和甚至模糊，不适合穿过于鲜艳的颜色，因颜色会吸收水分，鲜艳颜色会使脸上皮肤干燥，穿得相对柔和色更好。清晰度高的人，表现能力强，显得前卫、戏剧、有力量等，而清晰度不高的人，显得优雅、柔和。

“形”是指人的脸大小，五官的骨骼感与服装的款式、面料肌理相关。一旦骨骼感强，脸部表情丰富，穿富于变化款式，复杂款式很精彩；而骨骼感弱的人穿简单款式显气质。一般而言，骨骼柔和，穿衣时减法；骨骼强，清晰度高，可加法。而胖人一般长得模糊、骨骼感不强，所以简单最好。郎平式的女人穿浅粉红色连衣裙，会显得体积庞大。

“质”是指皮肤的质地，与面料的质地纹理相关。皮肤给予什么感觉，选择什么样的面料。脸上皮肤粗糙不平，可穿面料纹理较粗的衣服；脸部皮肤光洁，可穿精致面料。皮肤偏黄，穿白衣服，要带光泽。所以皮肤好坏，影响你选择面料的精致度。赵雅芝不合适穿粗糙的牛仔服，同样，脸上有麻子的人，穿丝绸衣服会反衬脸上的凹凸感，对比更强烈了。一般皮肤白，头发黄，五官凹凸，对比度强的人，穿衣有颜色更好看。

“直、曲”是指人的脸部线条和身材线条，与服装的线条、面料的软硬相关。有的人长得直线条，如李宇春，有的长得玲珑有致，一般直线条穿直线剪裁，曲线条的人穿曲线剪裁的衣服效果好。一般年轻人线条显得直，岁月使人柔和。所以年轻人可以驾驭尖角领铆钉类的时尚前卫衣服。如吉卜赛人色差大，脸上浓眉粗眼、骨骼感强，穿塔裙、着麻布是艺术。挖洞牛仔裤对骨骼强的人是艺术，而对五官柔和的人，破洞就是破洞。

穿着时尚的女性不一定身材完美，但她们有一个共同点，那就是十分了解自己的身体，清楚地知道身体的优点。具备这些认知后，她们就可以选择能够突出自己身体优点的衣服，尽量掩盖缺点。这些又促使她们通过自由穿着，自信地展示自己的个性。每位女性，只要配上合适的着装，都是光彩照人的。身体特点不是限制女性，而是为她们开启了一扇门，每个人都是独一无二的。只要着装符合体型，不管任何款式，穿起来都会非常棒。

找对你的时尚范儿。不要盲目跟风，若抓不住自己的特质，还不如简简单单穿好适合自己的风格，然后用精致的配饰装饰好。着装风格永远那么到位、准确，虽然称不上有趣或者有创见，但必须先选对衣服，知道自己适合什么。选择一个固定的基础造型然后坚持下去。

花有百样红，人与人不同。你是独一无二的。我们每个人都有着区别于其他人的外形和气质，不同的色彩组合能给人带来不同的视觉感受和心理感受，不同外形气质的人也会给人留下不同的印象，依据人类的五官、身材、性格、职业等体貌、气质、社会特征，承袭历史的人文概念，形象地提炼了人的个性风格，让每个人都把自己的内在审美情趣与个性，通过服饰的外在形式，或古典，或自然，或浪漫，或艺术，或优雅地精致张扬自己的个性人生。

“人世间有百媚千红，我独爱你那一种。”用心去追寻，找到最适合你自己的就是最美的华衣。

4.2 买一件“红”衣服穿

钢铁大王卡内基从小就知道要买一件别致的“红”衣服。卡内基小时候家里很穷，有一天，他放学回家时经过一个工地，看到一个穿着华丽、像老板模样的人在那里指挥工人干活。“请问你们这里盖什么？”卡内基走上前去问那个老板模样的人。“要盖摩天大楼，给我的百货公司和其他公司使用。”那人说道。“我长大以后要怎么样才能像你这样？”卡内基以羡慕的口吻问道。

“第一要勤奋工作——”

“这我早知道了，老生常谈，那第二呢？”卡内基问。

“买一件红衣服穿！”那人说了一句摸不着头脑的话。

卡内基疑惑了：“这和成功有关？”

“有啊！”那人顺手指了指前面干活的工人道，“你看他们都是我的手下，但都穿着清一色的蓝衣服，所以我一个也不认识——”

说完他又特别指向其中一位工人：“但你看那个穿红衬衫的工人，我长时间注意到他，他的身手和其他人差不多，但是我认识他，所以过两天我会请他做我的副手。”

一袭红衣因在一片蓝衣中显得那样与众不同，那样特色分明，那样醒目与耀眼，于是便脱颖而出。

红衣服的象征意义在于穿衣如同做人，要表明你的人生态度，体现你的独特个性，才能在茫茫人海中脱颖而出。

建立个人穿衣风格，如果仅仅适合你的身体，是安全可靠的。而契合你的心灵和个性的服装，才能凸现你的美好气质，让你流光溢彩。但个性的衣服不一定是特别的衣服，而是穿上契合你个人特色的服装，通过你的个性特色再造，让服装呈现出完全属于你自己的风貌。

张扬个性是获得注目的好方法，但重要的是要自我感觉好，看上去就真的会很好；如果这身衣服让你觉得别扭，那就赶快换掉它。

穿衣要有主见，你必须掌控时装，正是在每个人都有机会购买漂亮衣服的现代社会中，风格独特的穿着方式才变得如此重要和有效。

在当今讴歌个性化的时代，一个人着装需要拥有自己独特的个人风格。只有形成了自己的风格标签，才能让别人永远记住你！一旦你找到了真正适合你自己的风格，你的所有穿戴都可以它为基准。能烘托你的自然美，又能适当掩盖你不足的服装，就是适合你的风格。

世界上有千千万万的女人，但我们的眼球只会盯着那些“发光体”目不转睛。世界上有形形色色的着装风格，但我们只会记住那些找到了属于自己风格的人。有的人用夸张的打扮吸引眼球，有的人只靠基本款就能穿出自己的风格，有的人把混搭玩到极致，还有的人保持一个签名式着装永远不变。无论你承认不承认他的品位，你都无法忽视他的气场。

时尚界“老佛爷”卡尔·拉格斐把个人风格发挥到极致，这个固执的老头几十年来坚持其招牌式的着装风格，永远是黑色墨镜、高领的白色衬衫和三件套西装，即使再炎热的天气，他都要把自己裹得严严实实。有人不禁会问，他这样终年一致的装扮难道就不沉闷吗？在纷繁多变的时尚圈里，更需要达到极致的个人风格，只有形成了自己的风格标签，才能让别人永远记住你！

“民国世界的临水照花人”张爱玲，一生穿红着绿，通过服饰把自己的个性发挥到极致。中学时的她就发誓：我要比林语堂还出风头，我要穿最别致的衣服。如何才能别致？“要想人家在那么多人里只注意你一个，就得去找你祖母的衣服来穿。”把人吓了一跳：穿祖母的衣服不是穿寿衣了吗？张爱玲回答：那有什么关系，别致就行！

现代社会，穿别致的衣服，让别人记住你是远远不够的。当今社会着装心理正在逐渐回归本我，人们越来越喜欢将自身的真实需求，通过着装的品位化、品质化、品牌化展现出来，着装成为展现自我价值的重要表达方式，更多地体现在对他人的尊重和获得自我尊重上。

张爱玲：我们各人住在各人的衣服里。她终其一生用奇异的服饰昭示其繁华而又落寞的人生。

在人生里，每一个人都有独特非凡的素质，有的香盛，有的色浓，很少有兼具美丽而芳香的。因此我们不必羡慕别人某些天生的素质，而要发现自我独特的风格。

独特的穿着风格超越时尚。风格独特的女性并不遵循所谓的时尚潮流或流行规则。她们像艺术家一样将自己的优雅一点一滴地展现出来，使内心和外表都能一一显现。

独特的穿衣风格让你内心愉悦，并能展现你最美丽的一面。它充满激情充满活力，最终还能将你的思想和爱好塑造成一个特定状态。赫本的形象就能非常直观地反映她的特点，她直爽而又注重实效，而她的着装正好给人留下这样的印象，她不会穿着制作精细、装饰烦琐的衣服——因为这和她的本性格格不入。她选择的衣服适合她的体型，智慧的女人明白自己的体型适合什么样的造型，知道自己喜欢什么，而且能够将这些认识渗透到着装的表现方式中。她们挑选印有自己标志的服饰，然后把它们组合起来。

4.3　穿衣要做“演技派”

穿衣造型如人生的剧情，一味平凡则太过平淡，姿态百变且有丰富、乐观的戏剧感，人见人爱，自己也乐在其中。

人长得怎样，就该穿得怎样。但人也是变化的。总是以一种风格示人，太过简单而显得乏味。几十年不变形象，周围人会审美疲劳，也会被人们误认为没有生命活力，不能与时俱进。

穿衣是一种人生最大的乐趣。你想怎么穿就怎么穿，你有无限的创意空间，你可以穿出你的独特个性，你可以穿着玩，穿着展示，穿着解闷，穿着使人们惊诧。那么，各种风格你都可以尝试，来锻炼你驾驭各种款式风格的能力，其实每个人都是具备这能力的，不然，演员也只能演一种类型的人物。

张曼玉可穿任何衣服，她是实力派演员，演什么像什么，更多人是本色派，如吕丽萍，演什么都脱不了知性、朴素、妈妈腔，即使演高贵的皇后，也只能演平民皇后，演不出风情万种、性感、珠光宝气的角色。

生活需要奇迹，而最大的奇迹就是你自己。最安全的着装往往也是最无趣的着装。衣服最能表达你是一个什么样的人。

谁说长得中性的人穿不出性感浪漫？每个人都应有浪漫面貌，每个人体现浪漫心情所需要的衣服可能不一样，有人旗袍，有人礼服，有人是丝质短上衣配长裤。

谁说身材娇小的女子不可以穿造型夸张的衣服？有人长得五官细致，个子小，但个性张扬，甚至怪，喜欢穿三宅一生的服装，喜欢戴大手表，大包，大戒指等。如小个子张惠妹，照样可以把非常夸张前卫的衣服穿得很好看。

心理学理论永远凌驾于身体理论之上，内在更重要。形象理论重心从研究身体——心理——社会角色认同，开发一个人的各种可能性。如果一个人排斥职业装，但工作需要，这时必须按照社会角色来做。个人形象设计，现已发展成为一门管理科学。

变化使人发现不同的自己，无论是发型上的变化，还是服饰上的变化，都给人带来新的感觉、不同的体验。这让女人们爱上了变化，越变越来劲，越变越有味道，越变越到位。

但变也有"道"，当我们根据不同场合演绎戏剧型、古典型、优雅型、浪漫型等不同风格时，要同时根据风格改变发型和面部色标（化妆），根据自己原有的风格增减，达到衣人合一的和谐境界。犹如邓丽君唱歌，不管是她自己的歌还是翻唱的歌，一定带有邓氏的独有风格。

我的地盘我做主——演绎戏剧型。

在需要人瞩目的场合或在演讲的时候，你需要用戏剧型的服装，突出你的主角地位。如果你长得个子高，身材匀称，像毛阿敏似的，五官夸张而立体，站在人群中有"鹤立鸡群"的感觉，让人一下子就能注意到，天生是个戏剧型的人，穿戴很独特夸张的服饰，如大长风衣、高筒长皮靴、豹纹衣饰，华丽得令人目眩的羽毛、皮毛再配上浓艳的化妆，自然让你戏剧出彩。

穿衣就是穿气场。该当主角时拒绝低调。其穿衣诀窍在于夸张、大气、成熟，色彩对比强烈。人群中，艳光四射，出尽风头，表达强烈的存在感。

但如果你天生长得没那么夸张，没那么轮廓分明，你更需要"戏剧"一点，不然，你那么平常，可能会沦为人肉背景，在人群中很难找到你。要引人注目，就须穿戴一些闪亮、夸张、时尚感的服饰，如适度的大开领、宽松袖、阔裤腿，稍夸张的花边与褶皱，稍夸张的男性化着装等。选择有视觉冲击力的颜色，如艳如珠宝的色彩，黑与白强对比，突出个性、拒绝平庸，个子不高的，一定要穿上高跟鞋，所有的一切都必须显出强烈的存在感。而且要戴较夸张的饰品，化较浓的妆。如果没有这个妆，你只穿了戏剧型风格的衣服，很有可能你被衣服埋没了，人们只记住了你穿的衣服。

我清新自然最动人——演绎自然型。

无论在职场，还是在日常生活中，总会看到这样一类女性，"清水出芙蓉，天然去雕饰"，清闲淡雅，自然不做作，随遇而安的率真，给人亲切的、很好交往的、邻家女孩般的感觉。这些长得刘若英式的女人，能够把一件普通的棉布衬衣或一件看起来稀松平常的毛衣穿出一番风韵。

当我们需要展现亲和力，或休闲度假，或者出外购物的时候，我们需要穿休闲装。朴素大方的天然织物类服装，如无领外套、格子裙、A字裙、棒针衫、T恤衫、牛仔裤等，淡淡的妆容，一副干净清爽的造型，就容易让人亲近。服饰色彩倾向于柔和、自然，不刺激的色彩以契合她们随意而平和的外表。适合木制、皮质等自然材料的饰品。但随意不是随便，一定不要流露一种家居感。

我是"贤妻良母"——演绎优雅型。

有种人看上去就是一个温柔善良、小家碧玉的感觉。优雅，精致，成熟，我见犹怜的神态，温文尔雅的举止，衬托了优雅型人袅袅婷婷的意趣。给人的感觉，如赵雅芝。

不成熟的人，读不到优雅，成熟的人才有性感，所以小孩没有。如果你陪你的爱人或你的恋人出席他的聚会，戏剧型显的夸张甚至嚣张了些；浪漫型又太性感太女性化，不那么严肃，也就缺少了几分尊重。那么，优雅型是最适合不过了，她给人贤妻良母、精致、温文、婉约的印象。

最能体现优雅的是质地柔软、上乘的衣服，如丝、羊绒等，柔软的羊绒开衫再搭配一条有飘逸感的裙子是经典的装饰，粉色、紫色、柔和的绿色等能够展现女性魅力(紫色代表优雅)。珍珠、翡翠等饰品最能体现女子的婉约，生硬而粗糙的质地与款式将使人丧失柔美。

身处喧嚣的娱乐界，刘若英犹如出淤泥的莲花，开得纯净，自然，散发着淡淡清香，契合美如水墨画般的江南小镇之气质。其穿衣诀窍：天然去雕饰，少装饰最佳。直线剪裁。适合大自然的色彩和饱和度低的色彩。

只要我喜欢什么都可以——演绎前卫型。

前卫型的人往往身材小巧玲珑呈骨感，脸庞偏小，线条清晰，五官个性感强。观念也超前。率直，出位，叛逆，永远的都市新宠。如王菲，骨子里带来的个性，冷酷。长得个性，烟熏妆、吸烟装于她有衣人合一的感觉。前卫型人的共性，显小显年轻，所以穿衣要有显年轻元素，四十不能穿四十岁的衣服。这就是王菲转型，穿正经淑女装显得老气的原因。

参加时尚派对，年轻人聚会，或在时尚界工作，偶尔前卫一点代表你没有与时代脱节。你要表现出个性、夸张，与众不同。

扮前卫就要不按规则穿衣，给人以新潮、时髦感觉。适当选择流行的、别致的服饰，各种反传统的纯度和彩度高的颜色，如红、黄、橙、绿等，个性化多元化解构风，深色如黑、深酒红，浓浊色如橄榄绿、芥末黄，荧光色如黄绿橘，配色极大胆，面料上软或硬，粗糙或光滑，有质感的棉质，民族风格等，都能突出前卫的性格。

我最惹火——演绎性感浪漫型。

如果你长得如性感女神玛丽莲·梦露一样，形象迷人，五官甜美，女人味足，眼神妩媚，身材丰满圆润，那你可能是浪漫型的女人，可以将女性味十足的飘逸裙子，穿出极致的魅力。

如果我长得比较中性，比较内秀雅致，当我们跟恋人或配偶在一起，又如何来表现迷人柔性感妩媚华丽的浪漫印象？最能体现女性浪漫气质的是女人味十足的飘逸的裙子，有弧线的领和袖，蓬松而线条流畅的长裙，柔软、悬垂感好的宽松型裤子。颜色选择适合自己的红色、橙色，多情的粉色，高贵的紫色，华丽的金色。过于浅淡或过于深重的颜色都不适合。强调华丽、高雅，拒绝平淡和理性。

我是好女孩哦——演绎少女型。

少女型的人长得五官甜美可爱，清纯，身材娇小，一派的天真烂漫。碎花的衬衣，连衣裙，短上衣等加上蕾丝花边装饰，蝴蝶结或有乖巧感的时尚元素，充分体现少女的甜美可人，这是典型的少女型服装。

并不是少女就是少女型，也并非少女型的人一定是少女。但恋爱季节，为了体现温婉淑女，不妨打扮时选用轻盈柔美、重女性化的细节装饰的服饰，选用中性色粉彩色系，少用深色，少穿成熟而中庸，夸张或随意的服饰。

我就是帅气干练——演绎少年型。

21世纪是中性化的时代，许多现代女性长得帅气、灵动、干练，一派的朝气蓬勃。其性格活泼、率直，身材、面部轮廓直线感强，线条清晰明朗，五官呈锋利感，同龄中偏年轻。独特的几何型，清晰对比的时尚化条纹，格子图案以及直线裁剪，反传统的洒脱利落，标新立异个性化服装最适合前卫少年型人，如李宇春。

在工作场合，选用中性化风格服饰，确实让自己显得干练有活力。女人穿夹克，如果穿得好，也可以很帅，很酷。

我就是精致上品——演绎古典型。

古典型的女人五官端正，面容高贵，有一种都市成熟职业女性的味道。但为什么中央电视台的新闻节目主持人面容各异，却都给人以古典型的高贵权威气质？因为职业需要她们选择一些精致而正统的服饰来衬托自己。

风格是心灵的外现。人到中年，随着人生价值观成熟和人生阅历的增加，都可以找到适合自己的服饰风格。

每个人身上都有这种潜质。在职场，面对上司，面对下属，严谨古典一点可以体现对工作的认真态度。因为这种造型给人的印象是精致、成熟、距离感、高贵、端正，剪裁合体、缝制精美的标准职业套装是首选。直线型的 V 领、小立领、方领都可穿用。穿衣要回避流行、随意，强调精致上品，突出气质和品位。古典型在选择服装时，尤其要注重服装的整体性，避免穿松垮、肥大的服装。服装的制作要精致、考究。回避过于厚重、臃肿，飘逸感强，女性化的服装。

每个人都可以找到适合自己的风格，并把这种风格强化。如果人到中年，还流行什么穿什么，没有形成自己的穿衣风格，别人会认为其心智不成熟，工作上缺乏个性和主见。一个简单易行的方法便是寻找一个理想中的"自己"作为参照，即找一个自己喜欢，气质和体型与自己有相似之处的女星或主持人作为 Style 的参考。风格很多时候是一张名片，强化你的风格令人印象深刻。

都说杨澜是主持人，我却认为她绝对是一流的演员。杨澜的五官三庭五眼非常均衡，看上去精致高贵，演绎最出色的是经典风格。在杨澜看来，幸福不是等到的，而是女人用积极的生活态度和独特的真情去吸引的。正如那句话，“你若盛开，清风自来”，杨澜身上有种阳光乐观的气息。这个智慧的女子，体现在着装上，既不墨守成规，也不随心所欲。作为一名访谈类主持人，杨澜的着装要考虑到各类因素。嘉宾身份、地位、性别的不同，都会影响服装的选择，既要与整个基调相符，也不能夺了嘉宾的光芒。深色西装是男性政要和商界人士的最佳拍档，为了使画面不显得过于沉闷，杨澜会穿上一身色彩较为鲜艳的正式套装；若嘉宾是一位艺术家，杨澜通常会穿设计感较强、款式简单的品牌服装。如果不确定嘉宾的服饰风格和颜色，在大多数情况之下，扬澜就会选择相对柔和的灰色和米色。对于室内采访而言，为避免衣服的颜色与周围的环境有严重冲突，编导通常需要提前“踩点”，在了解采访地点装修风格和墙纸颜色后，杨澜才能做出判断。在服装师的建议下，杨澜会准备一些风格简约的别针和丝巾，起到点缀的效果。采访歌手汪峰时，为了配合摇滚，杨澜甚至涂黑红色口红，化朋克妆。

杨澜也有失手的时候。采访好莱坞明星妮可·基德曼，依据杨澜之前的经验，好莱坞的明星在接受采访时，大多都穿着随意而率性，因此她揣测，置身于好莱坞演艺圈多年的妮可，也许会穿着休闲衬衫前来。为了与之相称，杨澜就挑选了一件满是大花朵的休闲西装。然而，出乎意料，当天的妮可穿着白色绣珠片衬衫，高腰米色的麻质长裤，像个精致的芭比娃娃，这让杨澜有些措手不及。

服装形象追求的境界说到底是风格的定位。西方不成文规定，越高端的人，越不能为潮流所左右。随着人生价值观成熟和人生阅历的增加，30 岁左右就应有自己的风格。然后在自己的风格加一些东西，减一些东西，但是我还是我自己。毕竟我们生活的空间很大，生活的领域很丰富，又怎能只有一种着装风格呢？

发现自己，还要开发自己，所以，每个女性都应该大胆尝试，经历过了，也许就找到不同风格的更美的自己了。

5 人生无“色戒”

远看色、近看款，色彩是服装的灵魂。为什么内敛的中华民族喜欢张扬的“中国红”，外向、野性、冒险的西方人爱不够“英国蓝”？为什么现代城里人偏爱黑白灰等低纯度色彩，农村人多用鲜艳色？为什么会“红配黑有人追，红配黄招桃花媒”？色彩是基于高度严谨科学的理论体系之上的，如果把色彩比作人，她有自己的政治哲学观，有严密的逻辑性，有自我的个性和能量。而且每种色彩都是“亲戚关系”，有共同的“爹娘”。懂不懂穿衣之法，分界点就在会不会智慧运用诸多色彩。比起单凭感觉驾驭色彩的人来说，有色彩理论知识作后盾的人肯定会略胜几筹。

> > > > > > >

5.1 色彩中的政治哲学

中国古代色彩学，重视色彩的象征意义、精神内涵与哲学价值，即将色彩作为哲学意义上的宇宙秩序来使用，其中含有“天人合一”的原理。其内在含义是非常繁杂和深奥，宛如曲径通幽，别有洞天。其款式、色彩、纹饰以及穿着方法上的暗示，使人感觉“衣不在衣而在意，纹不在纹而在文”。按周代奴隶主、贵族的传统，色彩有尊卑的区别，青、赤、黄、白、黑是“正色”，象征高贵，正色是礼服的色彩，其他是“间色”，如淡青色、紫等象征卑贱，只能作为便服、内衣、平民的服色。所以西汉贾谊在《新书・服疑》中写道：贵贱有级，服位有等……天下见其服而知贵贱，望其章而知其势位。服指衣服的款式，章即衣服上的纹章图案。

为什么龙袍是黄色的？

其实并非所有的“龙袍”都是黄色的。殷代崇尚白色，周代崇尚青色，秦代崇尚黑色，故秦时打扮为“天玄地黄”——帽子黑，鞋子橙或红。当时结婚新娘穿黑服，新娘穿红装是汉之后才渐渐兴起的。汉代崇尚赤色，唐代崇尚黄色——从此黄色成为帝王的象征，所谓黄袍加身是真龙天子之说。

按中国的阴阳学说，黄色在五行中为土，这种土是在宇宙中央的“中央土”，放在五行当中，“土为尊”。此后这种思想又与儒家大一统思想糅合在一起，认为以汉族为主体的统一王朝就是这样一个处于“中央土”的帝国，而有别于周边的“四夷”，这样“黄色”通过土就与“正统”“尊崇”联系起来，为君主的统治提供了“合理性”的论证。再加上古代又有“龙战于野，其血玄黄”的说法，意思是说：龙在打仗的时候，流的血是黄色的，而君主又以龙为象征，黄色与君主就发生了更为直接的联系。这样，黄色就象征着君权神授，神圣不可侵犯。

古人的着装以深色为贵，浅色次之，官员是不可穿黄袍的。隋朝时规定：贵贱异等，杂用五色。五品以上，通着紫袍，六品以下，兼用绯、绿，胥吏以青，庶人以白，屠商以皂，士卒以黄。因此无功名之士，则衣以白色，宋落榜词人柳永自喻“白衣卿相”。

古代男子三妻四妾，重大日子里，大老婆可以穿大红色，小老婆只能穿粉红色。延续到现在，还有些地方新娘穿粉色婚纱以表再婚之意。现代社会，不可能像古代一样用色彩表明身份等级。但还是有潜规则的，你不是主角的场合，服装的色彩就不能太过抢眼而抢了主角的风头。

服装色彩的审美，在许多民族中，牢牢打上了文化的印记。中国人偏爱红色，西方人对蓝色一往情深。

汉语中，闹市的飞尘谓之“红尘”，达官贵人以“红得发紫”喻之。汉语中大凡带有“红”字的词语，诸如“走红、红运、满堂红、分红”等皆与喜庆、吉祥、正确等事物联系在一起。朱门大户更是权势的象征。老百姓钟爱大红绸面的被褥、大红的窗花、红色的对联、大红的鞭炮。新娘子要穿红色的嫁衣，盖上红盖头，显示生命中的灿烂。可见红色在汉人中总是享有优先权，逢年过节时它的地位尤其显赫。

张艺谋的电影《红高粱》《大红灯笼高高挂》，伴随这些红艳艳的名字，张艺谋走红中国影坛，并为中国电影在国际影坛争得了一席之地。

西方人偏爱蓝色，特别是英国人爱不够“英国蓝”。蓝色就是英国保守党的象征，蓝色还被保守党人看作是浩瀚冷静的海洋象征，是英国征服四海成为大英帝国的象征，用蓝色映出强国尊严，其实撒切尔夫人当年总是一身蓝色在公众面前亮相，是为了表明她是一名彻头彻尾的保守党党员。蓝色是英国保守党的象征，这除了象征保守党坚信工业立国之外，蓝色还被保守党人看作是浩瀚冷静的海洋象征，是英国发展离不开海洋，靠征服四海成为强国的象征。

为什么同样的色彩，在不同语言中意思如此不同？为什么不同民族对色彩的喜好殊异？造成这种差异的原因到底是什么？红色热烈、奔放、激越，蓝色幽暗、沉郁、静谧，这似乎是人所共知的。但是汉民族性格内向、收敛，欧美人则直露、外向、富于进取心和冒险精神，这不矛盾吗？不，这恰恰符合矛盾的对立统一原理。

内向的汉民族何以会喜欢张扬的红色，是内向与张扬的矛盾统一。这需要从汉文化的深层谈起。

汉民族一直是个以从事农业为主的民族，老百姓很少与外民族打交道，形成了一种封闭的心理。特别是长期的“存天理、灭人欲”的文化禁锢，使中国人的人性，在极度压抑的环境中畸形发育，这种环境，诱发了国人欲发泄的本能和欲望。内向型的冷静沉郁，用热烈的红色刺激再合适不过了，于是代表张扬的红色，成了国人审美层次上的一种不自觉的追求。把貌美的女子称之为“红颜、红袖、红粉”，连美貌女子流的汗都称之为“红汗”，流的眼泪叫“红泪”——应恨客程归未得，绿窗红泪冷涓涓。美人落泪，谁见了而能不生怜香惜玉之情呢？

汉民族封闭而内向的文化心理，又造就了他们表达上委婉含蓄的风格，所以“红”成了美好事物的代名词。性的欲望与生俱来，但中国文人心中好之，又觉明言之不雅，真是欲说还羞，当表露对女性的爱恋与赞美时，代表着热烈与激情、色彩艳美的红色被赋予美人的内涵，成了文人雅士们情欲表述的语言包装。

外向直露、富有冒险精神的欧美人，对冷静蓝色一往情深，正是符合了野性与宁静的矛盾统一。西方文明是海洋文明。西方文明的源头爱琴文明正是蓝色的海洋孕育出来的，这种蓝色文明是以海洋为依托的商业文明。除了西方文明的源头古希腊文明起源于蓝色的海洋之外，也有审美方面的因素。西方人自古以来与蓝色结下了不解之缘，给他们的文化中注入了大海的崇敬与庄严、忧郁与伤感。浪漫主义音乐经典《蓝色的多瑙河》问世，正是蓝色触发了约翰·施特劳斯的灵感，使他抓住了色彩、音符与情感间的契合。风行美国数十年的布鲁斯(blues)，是一种感伤而缓慢的美国黑人民歌，不仅以蓝色作为名称，骨子里也表达着蓝色给人的忧郁深沉感。

把好莱坞影片 *Waterloo Bridge* 译为《魂断蓝桥》，实在是翻译史上的杰作。一个“蓝”字实为点睛之笔，影片伤感而又浪漫的情调在片名中就显露无余。于是代表宁静且富有浪漫情调的蓝色自然成了他们的首选。外露、进取的外向型，则需要一种宁静的色调作为平抑剂，创造精神超脱的契机，蓝色，西方象征信仰，圣母大半穿一件蓝袍。上流社会妇女至今爱穿的宝蓝色，也是欧洲皇室成员喜欢穿的颜色，所以又被誉为“皇室蓝”或“品位蓝”，有一种华丽冷艳的高贵气质。

蓝色，代表宁静且富有浪漫情调。

但事情不是绝对的。在美国政界，红色套装已成了一个约定俗成的惯例，因为红色象征权势，具有很强的视觉冲击力，在一片单调的“灰蓝”色系中能脱颖而出，因此备受女强人的青睐。许多女政客选举或外出讲演时，喜欢穿红色的西服套装，颜色鲜明，犹如一面行走飞扬的旗帜，至少可以抓住男性眼球。

如果想成为大众支持的政治明星，如果想获得更多的选票，就要精心通过着装来表达自己，通过着装的款式、颜色来传达政治信息。

5.2 色彩有人格

如果把色彩比作人，她有自己的个性，有情感有能量，有共同的“父母”。几乎所有的色彩都有亲缘关系。

她们的“父母”到底是谁？

“母亲”就是最鲜艳的红橙黄绿蓝紫七种纯色。“父亲”是黑、白、灰三种无彩色。一千多万种颜色都是由“父母亲”结合而生成，组成丰富多彩的色彩世界。

色彩无高级低级之分，但可以分为纯度高一点“亲生的”和多种颜色混合的“混血的”，中国人的皮肤随着年龄增长会加入黄黑棕色素，不太适合驾驭“混血”色。加黑变成暗青色系、加白变成明青色系、加灰变中间色系，加上纯色系构成四大色系。越靠近“父亲”，像“父亲”；越靠近“母亲”，像“母亲”。如红＋灰（很像咖啡色，旧旧的红）＝红咖啡，红＋白（成了浅的偏柔的红）＝粉色，最艳的红＝中国红。所有的纯色加了白色，显明快感；加了灰色，显柔和感；加了黑色，显稳重感；加了金色，显华丽感；加了银色，显和谐感。

珍珠不串成项链成不了宝贝。色相、明度和纯度串起三条项链，称为色彩的三要素。让我们理解色彩原理，利用其逻辑性来表现自我。

色相即色彩的相貌和特征。自然界中色彩的种类很多，色相指色彩的种类和名称。如：红、橙、黄、绿、青、蓝、紫等颜色的种类变化就叫色相。

明度即色彩的光亮程度，亮色被称为高明度，暗色被称为低明度。明度越高，色彩越白、越亮。反之则越黑越暗。

纯度指用来表现色彩的鲜艳程度。纯度最高的是三原色，随着纯度降低，色彩会相应地变得明亮或暗淡，纯度降到最低就会失去色相，变为无彩色。纯度低的颜色，虽然看上去如乌鸦般黯淡，却就像发酵的食品，能散发出浑厚的韵味。

康定斯基《论艺术的精神》中说：色彩直接影响着精神，色彩统一的关键，在于对人类心灵有目的地启示激发。

色彩让人产生诸多色觉心理：色彩的轻重、软硬、冷暖，还有距离感。

色彩有轻重感，主要取决于明度。白色感觉最轻，黑色感觉最重。高明度颜色如浅蓝、淡黄显得轻，使人联想到蓝天、白云、花卉等，产生轻柔、飘浮、上升的感觉。低明度色彩，如深褐色显得重，联想到钢铁、石材等物象，产生沉重、稳定、下降等感觉。

色彩还能体现动静感。暖色感觉鲜艳、明亮、色彩丰富，感觉活泼、华丽、兴奋，显得动感。冷色感觉朴素淡雅，色彩感觉沉着平静。高纯度，如鲜黄翠绿显得兴奋感；低纯度如淡绿粉紫，显得沉静。色彩组合上，强对比显得动感，感觉通俗流行；弱对比显得宁静，感觉高贵典雅。

色彩具有软硬感，来自于色彩明度变化，但也与纯度有关。明度越高，感觉越软。明度越低，感觉越硬。如深灰比浅灰就显得硬些。白色较特殊，软硬感觉不突出。明度高、纯度低显软感，中纯度的色显软感。高纯度色彩显硬感。高纯度低明度，硬感更强烈。色彩组合中，对比强烈具有硬感，对比弱具有软感。色彩表面结构松散、软，表明光泽质感细腻，显硬。光与波长有关系，波长不一样，看着力度不一样。赤橙黄绿青蓝紫，紫色波长最弱，令人觉得柔和。

色彩学具有距离感——前进或后退，这是由于各种不同波长的色光，在人眼视网膜时，成像有前后的原因所致。红、橙等暖色光波长，在视网膜后面成像，感觉近，色块显大。蓝、紫等冷色光波短，在视网膜前侧成像，感觉远，色块显小。

色彩是有冷暖的。寒冷感，从蓝绿到蓝紫，蓝最冷。联想太空、冰雪、海洋等物象，使人产生寒冷、理智、平静、忧郁、保守等感觉。暖和感，从红紫到黄，红橙最暖。心理上联系到太阳、火焰、热血等物象，从而产生温暖、热烈、亢奋、刺激、危险等感觉。温情（中性）色调，是紫色（由红＋蓝结合生成），绿色（由黄＋蓝结合生成）和黑白灰等无彩色，其中白色偏冷，黑色偏暖，灰色中性化。

掌握了色彩的人格，就不难理解为什么城里人喜欢低纯度色彩，农村人喜欢鲜艳色彩。因为暖色有兴奋热烈和扩张的感觉，而冷色有素净文雅和收

轻度撞色显时尚

敛的感觉。越鲜艳的颜色，占有的空间越大。居住农村，特别是偏远地区，由于长年生活在宁静的、绿色的田野以及文化程度偏低等关系，更喜欢鲜明跳跃和对比强烈的色彩。如果穿淡雅柔和的颜色，就会淹没在一望无际的黄土地上或沙漠上。

生活在城市中的人，由于环境喧哗、紧张与文化修养较高等因素，偏爱雅致文静与对比调和的色彩。同时，办公室穿低纯度衣服，能使工作在其中的人专心致志处理各种问题，营造工作气氛，而高纯度高彩度衣服，会影响他人注意力。纯度低的颜色更容易与其他颜色相互协调，这使得人与人之间增加和谐亲切之感，其他同事是低纯度的服色，则会使高纯度色陷于孤立。低纯度色彩语言：谦逊、宽容、成熟感——职场人士更易受到他人重视和信赖。职场色彩纯度宜低不宜高，合适得体成功的色彩搭配，既是穿着者自信和有修养的体现，也是对他人的尊重和礼貌。

5.3　领悟“色情”

如同“龙生九子，各有不同”，每种色彩各有其独特的情感和意蕴。

永久经典的“黑”——雷阿诺称之为“色中皇后”。北方有“若要俏，一身皂”的说法，黑衣或深色裙衣使脸形轮廓线更加分明，表现出深刻、冷漠的个性，并富有都市风味和高雅的气质。但现实生活中，一身上下全黑衣服的时候很少。如果沉重黑色占据了你的全身，成为唯一的主题，会很让人扫兴。一定要搭配一些亮色，平衡一下这种压抑感。一条三层重叠的金项链，别致的丝巾，一个银光闪闪的胸针甚至一个钻石耳钉，就能使整套装扮更加充满活力。

黑色能瘦身吗？黑色会带来沉重感，大多数人为了显瘦选择穿着一身黑，但如果身形壮实，穿一身黑衣会让人觉得透不过气来。还不如多运用一些深暗色系，深浅搭配，以重叠的生动感打破沉闷。妆容不能太淡，否则衣服的凝重会吸走你本应有的活力。黑色让明艳的人更加的艳光照人，但会让肤色惨白的人显得憔悴。把黑衣穿出高贵气质秘诀是黑而不暗，雅而不素。

高级“灰”——灰色介于黑白之间，是黑色的淡化、白色的深化，它具有黑、白二色的优点，更具高雅、稳重的风韵。它最大的特点是可以与任何色彩搭配，构成种种富于浪漫气息的风格。同时灰色也是最被动的色彩，它意味着一切色彩对比的消失，必须依靠邻近色彩才能获得色感。如果人眼长久注视灰色，会产生乏味、寂寞及丧失激情之感。女士慎穿深灰色，要穿就穿“高级灰”——因为灰色很容易显示材质，中高档服装多用这种色调，材质好，价高，显高级的品质感，颜色一般是淡淡柔柔的灰，银灰、浅灰色或灰蓝色调，给人高雅、含蓄而耐人寻味的印象，为有较高文化艺术知识与富有审美能力的人士所欣赏。而材质差的灰色，会显得很“泄气”，不能提振精神。

“绿”野仙踪——古诗“记得绿罗裙，处处怜芳草”，由于记着当初伊人穿的那件绿色的罗裙，所以后来看到绿色的芳草都会怜惜。有唯美的、淡淡的忧伤情绪。淡绿色配白色，最是惹人怜爱。深绿色的最佳搭配颜色是黄色。红绿是色谱中撞色最激烈的一对。在搭配服装时要注意它们的明度、彩度、饱和度，基本上掌握面积展现比例为1∶1，而且不要再搭多余的配件。墨绿色是皮肤偏黑的女性首选，将其搭配以咖啡色的小方巾或黄色的串珠项链，能提亮肤色。

“红”极一时——红色是一种热情浪漫，具有丰富情感的色彩。红色具有鲜艳的视觉感官刺激，表现为一种大胆、热情、奔放、开朗、欢乐、喜悦的个性。红色运用在服饰上最能传达热情、奔放、喜庆的感觉。穿红衣可穿成“女神”也可穿成“土妞”，若是脸色、神态和气场等底版好，则令人惊艳，若是底版太苍，则使人惊诧。红衣已够招摇，与个性强烈、高饱和度的颜色如柠檬黄、草绿等“结合”难免“吵架”。红与黑色、灰色、白色等无彩色很投缘。其目的就是适当地压住红的气焰，达到视觉平衡。红衣白裙富有夏季情调，而若以红色为基调再用黑色的装饰物搭配，能表现出阳刚之美，同时又增添几分帅气。当然，如果控制好面积比例，红蓝撞色可衬托少女的妩媚和娇艳，降低了纯度的红配绿也可以很和谐。

“粉红”色的回忆——为什么不是“黑色”的回忆？因为粉红色象征幸福和甜蜜，最能表达温柔可爱、罗曼蒂克的印象。最直接通向青春的方式就是衣着粉红，粉红色是最少女的颜色。黑色给人以压抑、沉重等联想。配色切忌用粉红色去触碰草绿色这个“霉头”，它俩是死对头，绝对不“说话”的。粉红色在礼服当中并不算是受欢迎的角色，这种控制不好就容易显得轻佻的颜色，最需要利用面料的高档来平衡颜色上的劣势。

明媚“黄”色——如果色彩有味道，那么黄色一定是酸的，黄色令人联想起柠檬，给人很清新的感觉。在有彩色系中黄色是最明亮的色，象征着明朗、阳光、希望。如果你希望别人能把你从茫茫人海里一眼辨认出来的话，黄色是最好的选择。黄与白搭配，黄更显得清新和明亮；黄与蓝搭配充满活泼，荡漾着青春气息；黄与绿组合具有清新自然而富有生命力之感；黄色配橙色则可表现明快、柔美及温暖之意。黄色与其他颜色搭配要注意调整好比例分寸，如一分黄色可以平衡三倍于它面积的冰蓝色。如果你穿了一条冰蓝色连衣裙，其实手里拿个黄色手包就能达到视觉平衡。如果想穿黄色显得成熟知性，那么选择中黄色、暗调子的驼黄和芥末黄会显得很高级。

“紫”丁香花开——如果说欧洲服装店里卖得最贵的永远都是黑色系衣服，那么卖得最高贵的就非紫色系莫属了。紫色是红与蓝的复色，红代表热烈，蓝是冷色，代表着压抑和镇压，这是矛盾斗争的色彩。紫色是古罗马帝王专用色，有“色至上”之说。中国和日本，紫色是天子贵人之色，有强烈女性化性格。蓝紫色能给人以高贵气质，展现女性的冷艳之美；而红紫色给人华丽的感觉，可表现女性的成熟与妩媚；高明度的浅紫色则更具优雅、浪漫、甜美、轻盈、飘逸的女性感。紫色由红色和蓝色调和而成，具有红色的热烈、兴奋及蓝色的宁静、沉着的双重性格。皮肤亮白的人穿偏红色调的紫，皮肤偏黄的人穿偏蓝色调的紫，利用蓝黄之间的互补关系，来弥补你肤色上的不足。小麦肤色的人穿偏灰色调的紫，搭配靛蓝、黑或更深的藕紫，演绎你的健康肤色，如果还能跟银灰色搭配，空前的优雅；皮肤白里透红，穿浅浅的藕紫色，显得粉嫩柔和。紫色与金色搭配显得富丽豪华，与银色组合则冷漠闪烁，与黑色搭配衬托神秘，与白色组合强调神圣与高贵。

纯情洁“白”——白色是纯洁、神圣的象征。现代社会把白色服装视为高品位的审美象征。白色衬托着不容妥协，不容侵犯的气韵。长长的披肩黑发＋洁白衣饰＝恬静秀美吗？错。垂直浓密的披肩长发再配上一件雪白的衣裳，那种强烈对比会造成一种阴森恐怖的感觉。最好把长发高高地盘起来，或者尽量把头发打薄。

一抹幽“蓝”——悲情女子总是在宣扬自己落寞的爱情时，矗立于蓝色的湖边，穿着飘逸的蓝色连衣裙，手执红花，潸然泪下。蓝色犹如一望无垠的大海，闪动着深邃而神秘的色彩。蓝色服饰能很好地表现清纯、认真、诚实、理智与悠久的个性，蓝色包括天蓝、深蓝、藏蓝。天蓝色在蓝色中被认为是生气勃勃的艳丽色彩，虽是沉静的冷色，但有华丽、显赫的气势和强烈的个性特点。浅蓝色在淡雅和明快中透露出一丝清凉，浅蓝色与白、浅黄、浅绿、浅紫、浅红等色彩搭配，均可表现女孩的天真、可爱、纯洁及文静之美；深蓝色能显出成熟、稳重，是智慧的象征；藏蓝色由于明度低，有一种老练、沉着和庄重的气质，保罗·福塞尔在《格调》中，将藏蓝色归属于贵族阶层，优雅知性的藏蓝色的确有贵族式的矜持与保守，是政界和商界领袖们首选的西服颜色。

“乱世佳人”费雯丽白衣飘飘，散发犹如茉莉花般的纯洁清香。

颜色对人的心理作用很大。美国纽约罗切斯特大学的心理学家分别向25名男性志愿者，出示了同一位女子身着白色或红色T恤的照片，结果表明，照片上的女子穿红衣时得到的分数比穿白衣时高出1—1.5分。显然，在男性眼中，身着红衣的女性更具魅力。最新研究表明，女人穿红衣更有魅力，让男人更加充满性幻想。如果女性想要与心仪的男性沟通，那么应该穿红色衣服，这是一种微妙而有力的沟通方式，但如果在男性较多的公共场所，红色可能会为其带来不必要的性骚扰。女性在办公室慎穿红色抹胸，以免引起性骚扰。

古老的东方医学认为，颜色具有治疗人体和精神的独特能力。白色入肺，青色入肝。黄色能刺激人的食欲；深蓝色能使暴食者食欲大减；绿色有利于食物消化，克服肠道疾病，还有助于治疗慢性病。绿色稳定血压，治愈头痛，还有助于抵抗心血管疾病，患肿瘤的人不宜穿绿色衣服，因为那会刺激肿瘤的增长。而紫色有助于抑制肿瘤的增长，缓解关节疼痛，有利于睡眠。红色能激发人的力量，是激情和欲望的象征。如果人们灰色使用过多，就会感觉悲伤、迟钝和无动于衷等。

色彩具有强大的能量，可以左右你的桃花运。如果把不同色彩谱成曲子，由白色和黑色谱写成的曲子显得比较单调，紫色显得十分神秘，而粉红色则富有爱情色彩。然粉红色虽给人以温柔、甜美与安详的感觉，久穿却易使人烦躁不安，情绪紊乱。因粉红色波长与紫外线的波长非常接近，不能吸收太阳光和人工光学的有效成分，反而体内要释放出相应的能量去反击紫外线波长的“进攻”，不利于身体健康。

你想身心健康吗？最好每天换衣服。不同色彩的衣服，波长不一样，每天换衣服，可以获得均衡的能量。连续几天穿同一件衣服也会给人一种风尘仆仆的感觉。同时，每天穿衣服的颜色似乎可以左右我们一天的心情。日本演员山口百惠曾到法庭打过一场官司，那天早晨，对于当天要穿的衣服，她斟酌再三：穿一套黑色西服呢，还是粉红色的连衣裙？后来觉得在今天这样的日子，一瞬间也不能泄气。“今天决不能穿得太素”，这样一想，很快穿上了粉红色的连衣裙，后来山口百惠胜诉了这场官司。很多女人有这样的体会，如果早上起来感觉无精打采，挑选能“提气”的衣服，看到镜中美丽的自己，心情也靓了起来。这就是衣服颜色的积极作用吧。美丽，是种隐形生产力。

5.4　穿出好气色

为什么有人穿黄色衣服，像得了黄疸一样？为什么冷色调的人穿咖啡色衣服显脏显老气？为什么皮肤黄黑的人穿紫或蓝且发亮的服装会成黄脸婆？

如果衣服颜色搭配不当，就会给人病怏怏的感觉，整个人都会没有精神，不良的形象会影响自己的心情，有时候还会影响到事业的发展。

怎样确定哪种颜色最适合自己，有三个标准：皮肤看起来更细腻，更白嫩，光泽好；眼睛显得更加黑白分明；五官立体，健康向上，干净，使自己变得更年轻。很多人的柜子像个调色盘，什么颜色都有，也许，颜色本身是漂亮的，但不会每种颜色都适合你。

脸上有什么，然后决定穿什么。脸可以看作一个颜色、一块面料，这块面料决定了你怎么搭配衣服。为什么有人穿上闪光的唐装好看，有人却很“土”？这是因为每个人的五官皮肤质地与别人是不同的。有的中年人皮肤特别好，穿光泽面料就会很好看。但一般人在65岁以后，皮肤发涩，穿上亮缎的唐装脸上会显得苍老，这是因为亮缎与暗沉的皮肤在一起比较，亮的更亮，暗的更暗。

喜欢什么颜色与个性有关。比如我偏好蓝色的衣服，为什么呢？喜欢蓝色的人心里是安静的，眼睛也如湖水般沉静。不管外面发生什么，内心自在，个性中有沉稳的东西，清雅理性的蓝色比较适合我。鲜艳的红色是热情躁动的，就不太适合我。

在五彩缤纷的色彩世界中，如何选择适合自己的服色，主要考虑以下两点：一是服色与肤色的和谐，二是服色与性格、体型及职业的和谐。

人体的皮肤分冷暖深浅。人体色指皮肤色、红晕色、瞳孔色、嘴唇色、毛发色等皮肤色。白透黄，或红、棕色，属于暖色调的人，皮肤发青属于冷色调的人。中间人群，是不分冷暖色的。一般而言，冷色调的人穿冷色的衣服，显得清雅；暖色调的人穿暖色的衣服显得气色更好。晚上社交时，不管是冷暖肤色，化冷色妆面穿上冷色调衣服更出彩。日光灯的原因，晚上暖色妆面显皮肤厚且脏。

皮肤深如何穿衣？

我们发现身边越是深皮肤的女性越喜欢穿白色或者浅色。这是一种误区。因为无论什么颜色在黑色与白色的映衬下都会产生视觉差，白色衣服衬托肤色更深，而肤色越深的女性，穿黑色变白的效果最明显。穿浅了会感觉头重脚轻。黑白搭配好看，化妆浓些，可使眉眼更清晰。除了穿黑色可以起到很好的美白效果，穿其他深色如深红、深蓝、深紫、深绿等颜色也能美白，总之要“穿深美白”，深色调均能为面部美白做贡献。

长得柔和穿得柔和。浅色比较柔和。长得五官清晰的人，穿艳色漂亮。一个肤色深但五官柔和的人如何穿？适合穿深色，中度或柔和对比度的衣服。

肤色偏白或苍白的人，不宜多穿白色或黑色，穿得不好会有“雪上加霜”的感觉。这种肤色的人最好穿蓝、黄、浅橙黄、浅绿色一类的浅色调衣服。可使苍白的面容容光焕发，生机勃勃。穿一些淡玫瑰色、桃红色系列的衣服还可带来桃花运气呢。

拥有白里透红的肤色的人，对服装色彩适应度较宽。其上好的肤色，不必再用强烈的色系去破坏这种天然色彩，选择素淡的色系，反可烘托出天生丽质。

皮肤特别黄的话，穿紫色就比较难看。紫色和黄色正好是对立的两个颜色，就像红和绿、黑和白一样，紫色越深显得皮肤越黄。中老年人身体不好的话要少穿紫色，因为看上去很憔悴，影响心理健康。也不宜穿土黄色，否则黄黑皮肤与土黄色的衣服模糊一片，“找”不到你的脸。同时尽量少穿绿色或灰色调的衣服，这样会使皮肤显得更黄，甚至会显出“病容”，而适合穿粉色、橘色等暖色调服装，宝蓝色会让肤色摆脱黄色的暗陈，拥有白皙的光彩。

如果属于小麦肤色的人，要多选择纯色度较高的颜色，比如穿红色就选大红，蓝色就是正蓝。这是因为纯色度较高的颜色含有太阳的色彩，小麦肤色的人穿起来会有运动般的朝气。黑白这种强烈对比的搭配与麦色肌肤非常搭配，翠绿色、桃红等颜色显出你开朗的性格，把肌肤衬托得也更漂亮。

皮肤偏红可穿淡咖啡色配蓝色，黄棕色配蓝紫色，红棕色配蓝绿色以及淡橙黄色、灰色和黑色等。面色红润的黑发女子，最宜采用微饱和的暖色作为衣着，可采用淡棕黄色、黑色加彩色装饰，或珍珠色，用以陪衬健美的肤色。不宜采用紫罗兰色、亮黄色、浅色调的绿色、纯白色，因为这些颜色，能过分突出皮肤的红色。此外，冷色调的淡色，如淡灰等也不相宜。如果用蓝色或绿色，那就应采用饱和程度最大的色。

服色要与性格、体型及职业相和谐。

服装的色彩选择不但要根据人的肤色、发色、身材特点，还要考虑到个性、场合和季节的因素，只有协调的搭配，才能衬托出自己的美与个性。时尚界最新的观念是着装要大胆强调肤色的特点而不是加以掩饰。着装时不妨采用强烈的对比色彩，更能给人活泼明快的观感。

有些人开始变老的时候，就会喜欢鲜亮的颜色，其实，色彩有能量，六七十岁的时候，头发变浅，面部眼神柔和，最漂亮的是柔和色。当然有些老年朋友穿红着绿自得其乐，又有何妨？这里有个性的问题。个性强烈，五官立体感强的人，不宜浊色系对比。但也有五官纤弱的人，喜穿亮晶晶的衣服，这是性格造成的。也有强势的人，喜欢穿柔弱的衣服，这是外在与内在有冲突造成的。服色与性格吻合更好。

八十多岁高龄的英国女王是好“色”高手。她最喜欢蓝色、绿色系列和淡雅的花色服装，极少用黑、灰颜色。她用色彩打造出春天的王国。

人人都有自己偏爱的颜色，但只选特定的颜色并不能称之为个性，而是自己在浩瀚的色彩世界中画地为牢。我们应该如何通过驾驭色彩来表现自己的个性呢。以性格为例，热情、开朗的人偏爱强烈、明快的色系，文静、娴雅的人偏爱素洁淡泊的色系，端庄、稳重的人偏爱清冷深沉的色系。还有体型、年龄、职业等方面，都在很大程度上决定了你对服色的选择。

有一种自己标志性的颜色并没有错，但不要一成不变。我的标志性颜色是蓝色，但蓝有很多种，我会穿各种各样不同的蓝色，靛蓝、冰山蓝、孔雀蓝等。选择这个颜色不同的面料，不同款式的衣服。每次都会给人不同的感觉。同时尽量扩大用色范围。解决的方法就是在“金三角”区多用一些能提亮你脸部肤色的颜色。

利用“金三角”扩大用色范围——在胸部以上、两肩和头部的位置，即靠近脸部的地方，多用丝巾、衬衫、饰品等提亮你肤色的颜色。

整理衣橱如同女人自爱的探戈，我与朋友们乐此不疲。就像欲望都市中的 Carrie 一样，找个空闲，喝点红酒，打开衣柜，试穿一件件的衣服，配搭不同的丝巾和饰品，研究最能表现自我的色彩组合。有时不合适的漂亮衣服当场会被更适合它的新主人穿走，皆大欢喜。

要根据所出席的场合环境选择色彩。严肃的场合，选黑、白、灰，无彩色(用有彩色的配饰点缀)。应聘的场合，选择深蓝、藏蓝加白，知性色组合。动感休闲场合，选择适合自己肤色的时尚色。西式晚宴以黑色为主。中式晚宴以红色、喜庆色搭配黑、白、灰，无彩色系。

为什么参加晚宴多用灰紫、蓝等冷色调？因灯光暗，同时冷色调显瘦。但央视主持人大多用棕色、咖啡色，因灯光强烈。

在职场，如果表现“我要鲜明清爽”，黑白配，黑黄配等是很有能量的色彩。居家色彩要流畅自然，烛光晚餐要神秘朦胧，而在人生主角场合，表现得“我要光彩夺目”。可以用个性的色彩张扬自己的个性。

色彩的选择与个人的知识层面、审美相关。

如米色，因其简约与富于知性美而成为职场着装的“常青色”。在追求简单抛却繁复的时尚潮流中，米色以其纯净典雅气息与严谨的现代职场氛围相吻合。时尚界有种叫“清潭洞媳妇风格”，指有让人羡慕的社会地位，衣着优雅，时尚不浮夸。皮肤保养得好，像奥黛丽·赫本那样的贵妇风格，完美演绎优雅奢华的现代贵妇形象。通过华丽却不张扬的粗花呢表现。避免绚丽色彩，主要以白色和黑色为主，强调高雅和端庄气质。此外，淡粉色、灰褐色等也是不错的选择。强调端庄与高贵即使成不了清潭洞媳妇，但能像她们那样以高雅姿态生活，是众多女性奋斗的目标。

国际大牌很少用亮色。弱水三千只取一瓢饮，在时装界，面对万千色彩而不动心，在法国有香奈儿，在意大利有乔治·阿玛尼，他们设计的作品几乎都采用了无彩色。人们无法相信，放眼望去的一件件魅力四射的作品，竟然都是由浑浊不堪的灰色系塑造出来的。他从浑浊不堪的灰色系中挖掘到黄金般的华贵感，简直称得上色彩的炼金术。淡淡的灰、淡淡的蓝，淡淡的紫，犹如薄荷芬芳飘散的作品。如果想穿出服装的品位，那一定要听阿玛尼的教诲。香奈尔女士一生钟爱黑、白二色对比。黑白灰的无彩时尚大师偏偏演绎了永恒的优雅、高贵、含蓄、考究。

色彩的选择还要适时。

适时就是追求着装与自然界的和谐。根据四季的变化着装，不仅合乎时宜，而且有利于人体健康。人与自然的和谐体现在着装上，春天要穿得明媚轻盈，秋天要穿得稳重华丽。因为春天大地复苏，万物生长，树叶嫩绿，花朵娇艳，显得生机盎然，穿衣颜色太沉重就辜负了春天之约。所以“弃暗投明”是王道。即放弃喑哑的中性和大地色调，选择温暖明亮的亮黄色系、绿色系、粉色系、天蓝色系、白色等清新色系，给人如沐春风的清新感。搭配以丝巾等质感轻柔的材质。春天里不必穿得太浓郁艳丽，因为春天繁花似锦背景繁杂，清淡雅致之服在“千里莺啼绿映红”的春色中反衬得更显突出非凡。这便是古人说的“花下宜素服，对雪宜丽服”吧。

5.5 色彩搭配显智慧

两个外表不美的人结合的爱情，会是美的吗？当然，就像王小波与李银河。遇到对的人，什么都是美的。色彩搭配亦如此。也许单独颜色，平和内敛，那如熊熊烈火燃烧的激情，其实只有“爱人”在身边时才会被激发。而搭配错了，就如一段“孽缘”，你死我活，两败俱伤。所以民间有“红配黄，亮堂堂，青间紫，不如死，黑靠紫，臭狗屎”，说的就是这个道理。

有些人总认为色彩堆砌越多，越“丰富多彩”。集五色于一身，遍体罗绮，镶金挂银，其实效果并不好。服饰的美不美，并非在于价格高低，关键在于配饰得体，适合年龄、身份、季节及所处环境的风俗习惯，更主要是全身色调的一致性，取得和谐的整体效果。“色不在多，和谐则美”。

若想驾驭色彩，要把焦点集中，在处理色彩关系上，美的色彩不靠堆砌，而是靠关系的组合与创造。一个人的色彩搭配不仅显示他的审美观，还反映他的人生智慧。职场着装，冰雪聪明的女人，懂得在人生得意之时，用含蓄的色彩以示低调，失意时反而用张扬的色彩给自己提供正能量。甚至有的女人巧用色彩赢回爱情，如拿破仑的情人约瑟芬，她曾受到拿破仑的极度宠爱，也一度因拿破仑另结新欢而失宠。在某次重要的晚宴来临前，有消息传出拿破仑将带着那位新欢出席，这对约瑟芬来说，是个重大的打击。然而聪明的她，并没有伤心哭泣，而是想尽办法打听出那位女子当晚将穿的是一套绿色的晚礼服，于是她便派人将宴会大厅所有的落地窗帘全部换成绿色，而自己则准备了一套乳白色的礼服。到了决定性的那晚，她的情敌完全消失在一片绿色的汪洋中，而她自己在墨绿色的映衬下犹如白天鹅，高贵经典，成为全场焦点，终于重新赢回了爱人的心。

色彩是基于高度严谨科学的理论体系之上的，想只凭感觉就成功搭配出和谐的服饰色彩，大多数情况下行不通。当颜色随着季节的变化，流行的变化，设计的变化而变化时，单凭感觉就根本无法招架了。

我们急需的便是对比色、互补色、同类色、撞色以及颜色的黄金比例等这些色彩原理了。

想要惹人注目成为全场焦点吗？

尽情穿互补色吧。互补色是八竿子打不着的陌生人关系。互补色聚会，这些颜色没有一点相仿的地方，就像鸡犬不相闻的陌生人一样，相互间的排斥力极强。但排斥力强并不一定产生消极影响，正如性格互补的夫妻在一起也能把日子过得和和美美。互补色的差异性起到相互衬托、彰显彼此的作用，因此我们不称其相反的颜色，而是称它们是互补的颜色。在排斥的同时，凝聚力也强，单独颜色，平和内敛。

互补色对比，要避免两种色块的面积相等。歌德所规定的纯色明度数比：黄∶橙∶红∶紫∶蓝(青)∶绿——9∶8∶6∶3∶4∶6；黄∶紫——3∶1；橙∶蓝——2∶1；红∶绿——1∶1。面积上，明亮鲜艳的图形要小，暗的、浊的色彩面积要大，形成对比才能达到衬托，使图形效果突出，反之，容易显得排斥，造成混乱不清的现象。

想要给人优雅、宁静、和谐的感觉吗？

请用邻近色。邻近色是血浓于水的亲属关系。邻近色聚在一起，就像家族聚会一样，充满了安静和谐气氛；邻近色在色彩搭配中，最容易达到和谐。不过，这种最保险的穿法，想要引人注目，也很难。难点是如何在如湖面般平静的气质中，激发出更多的变化。红与橙黄、橙红与黄绿、黄绿与绿、绿与青紫等都是邻近色。

邻近色搭配虽然保险，整天这样穿心生厌倦，无奈之下配华丽夺目的装饰品或醒目的荧光色，但这是下策。学习邻近色原理，在含蓄安静中怒放。如红色的邻近色是橘红色和桃红色(粉红)，范围扩大些，还有橘黄色、紫色等。与若想在犹抱琵琶半遮面的含蓄中尽显风情，采用色相环中距离较远的邻近色，如紫色与橘红在没有红色的参与下“幽会”，对比强烈，绚彩夺目。

想要给人的感觉强烈，让人有惊艳的感觉？

请穿强烈色搭配，它们是两个相隔较远的颜色相配。例如：米黄色与紫色，红色与青绿色。强烈色搭配犹如两个性格很不同的人碰撞出火花。有色相对比,明暗对比,冷暖对比等,其中冷暖对比,形成的刺激较强,给人的印象最深,效果最好。如诗经所云:绿兮衣兮,绿衣黄裳。绿色上衣配黄色裙子。汉乐府中“湘绮为下裙,紫绮为上襦”就是紫色绸短袄配水黄色绸裙子。冷暖搭配形成对比关系,既有鲜明感,又产生调和美。黑白配最经典的是赫本身着纪梵希设计的黑白小礼服,她是时尚圈内引领黑白时尚的LCON。一个会凸现优雅,一个会创造优雅,纪梵希用黑白这两种简洁颜色让你懂得:即便没有出生在一个高贵的家庭中,但只要你懂得应用黑白,就会依靠时装做到出身不分。让女孩们梦想有款电影《蒂凡尼的早餐》中的黑白紧身裙装。而赫本清新、独特、忠贞、完美的性格也为时尚注入一股清流,更是深深影响未来五十年的时尚,让经典黑白成为永远不灭的潮流。

邻近色和谐、安静、保险,但很难引人注目。如红绿配,温暖平和,但搭配不好,则显土气简朴;蓝与橙配,是最清爽年轻的补色对比。当希望引人注目又不失优雅含蓄时,黄紫配显高贵优雅。

同类色搭配。这是一种最简便、最基本的配色方法。同类色是指一系列的色相相同或相近,由明度变化而产生的浓淡深浅不同的色调。同种色搭配可以取得端庄、沉静、稳重的效果,适用于气质优雅的成熟女性。

什么是撞色?

撞色是指将对比色搭配起来,大胆摒弃安全却不无平庸的同色系搭配法则。改变色彩的明度和饱和度,在矛盾中达到更高境界的和谐。

现代穿衣哲学不仅要求色彩的和谐,还要努力在和谐之中制造一点点矛盾,这样才会产生火花,让穿衣在美丽之外还充满乐趣。

蓝色与紫色撞色。蓝色与紫色是色谱中的邻居,性格中均有浪漫、感性的一面,但也能传递出浓烈而戏剧化的效果,是变化颇多的组合。靛蓝撞深紫,让人联想起少数民族风情的靛蓝色浓烈耀眼,搭配同样浓烈的深紫色,产生强烈的视觉冲击力,在深沉之外还有一分奇妙的戏剧化效果,适合内心刚强、坚定的成熟型女子。淡蓝撞藕色可降低两种色彩的彩度后,蓝变成了高远的天之色,紫则变成了清晨淡淡飘过的雾霭,感觉轻灵淡雅,适合比较清秀、可爱的女孩子。天蓝撞粉紫,让加入鲜艳成分的蓝与紫变得跳脱起来,多了一份妩媚之气,年轻、活跃的女孩子穿上会很好看。蓝与紫的搭配不管怎样变化,始终丢不掉浓郁的艺术气质,所以不太适合在办公室等气氛相对严肃的公务场合出现。将两种色彩平分秋色是不太聪明的处理方式,最好在选定主色调后,让另一种色彩以较小面积出现，如蓝色系仔装搭配紫色编织长围巾、蓝色晚装搭配紫色项链。

制造华丽非得用扎眼的颜色吗？

不一定。几乎所有的顶尖品牌，都有其稳定的、独特的固有色彩，但一般不用亮色。越是设计名家，越喜爱“灯火阑珊处”的颜色。如阿玛尼，用名字都叫不上来的混合色来制造华丽感。从常识看，混合色对美的影响是消极的。像洗了抹布的水那样脏兮兮的颜色估计没人会喜欢。但是，原色未必看上去有多美，看看那些在街上红红绿绿的传单就知道。问题的关键还是在于如何搭配，而不是颜色个体。原色之美在于不染尘埃的明快，混合色之美在于体现一种依稀模糊的感觉，令人感到玄妙而神秘。就像莲花出淤泥而不染，出身于浑浊之中的色彩，也如莲花般品格高尚、神秘朦胧，其他任何一类色相都无法与之相比，仅此一点，足以让倾心于它的人“一生专情”。

保罗·戈尔捷无论使用什么颜色，最终都会让它们变成古铜色的味道。在这古铜色的氛围里，呼吸着华丽感的各种色彩，被誉为色彩表现中“间接沟通达人”。其作品华丽而不奢华，朴素而不粗俗，知性而不刻板。古铜色能否像红色那样呈现出华丽耀眼的感觉呢？有些色相的个体和美都相距甚远，然而正是这些“丑陋”的颜色，营造出极致的绰约风韵。保罗·戈尔捷设计的作品中，没有一种华丽的颜色，却绽放出幽幽的华丽感，如暗绿色的丝巾，暗古铜色的衣服，低明度、低纯度的绿色系，却与古铜色形成了鲜明的对比。正是这些不起眼的颜色搭配在一起，但却如此华贵高雅，引人注目。范思哲的超凡之处在于，每件作品都融入天赐般的性感，其操控色彩的能力在于，无论什么色相都能把其变得性感。

并非将混合色堆在一起，就能自然地生出优雅效果。如果不经过完美搭配，这堆颜色会多么肮脏不堪。我们中国许多地方，一到秋天或冬天，不分男女老少，身上的衣服就变得死气沉沉，相比之下，西欧的人们对于混合色的搭配更为在行，能把灰色系的颜色穿出奢华感。

最安全的搭配是什么颜色？

无彩色系的黑、白、灰，特点是素洁、简朴，有现代感。它们无论与哪种颜色搭配都不会有大的差错。黑与白是色彩的两个极端，是色彩的起点和归宿。它们既矛盾又统一，相互补充，单纯而简练，节奏明确，是人们最喜爱、最实用的永恒配色。一般来说，同一种颜色与白色搭配时会显得明亮，但是与黑色搭配时就显得暗沉。因此在进行服饰色彩搭配时，应先考虑是为了突出哪个部分的衣饰。不要把沉着色彩与黑色搭配,这样会和黑色呈现"抢色"的效果,令整套服装没有重点,而且服装的整体表现也会显得过于沉重。

"一身色彩不过三"——是指从头到脚身上不要超过三种颜色。这是一条穿衣的基本法则。然凡事并非绝对。三种色彩外还可以有小面积的中性色,如黑、白、裸色、金色、银色等等以及一些彩色配饰。一些心意相投的情侣,穿的服饰相融相谐,色彩相加也不过三四种而已,且其中一种色彩相同或相似。美国一对夫妻,更是30余年坚持穿同款服装,情侣装背后是深情。

为什么"一身色彩不过三"?

这是色彩搭配的重要规则。据说,一个标准的上流社会的法国女人,从帽子到鞋袜不会超过三种以上的颜色。为什么只能有三种颜色?理由是这有助于你搭配衣服。不要买太多颜色的衣服,犯无法搭配的错误,这只会使你感到没衣服可穿。你只要选择你穿的颜色,买起衣服来就会又快又简单。当然时尚达人们可不愿遵守这种规矩,她们身上往往会有五六种颜色,而整体感觉显得有逻辑而不杂乱。那是因为其中二到三种必定是同色系的,它们不过是在颜色的深浅上的不同而已。而撞色,也必是两种色系的撞色,而不是几种互不相干的颜色一起撞得"头破血流"。所以一身色彩不过"三"也可理解为三种色系的和谐搭配，当然这需要高超的色彩搭配能力，否则就会变成一棵“圣诞树”。

色彩搭配的黄金比例是多少？

色彩搭配关键是讲究呼应协调。颜色的黄金比例：1∶0.618，约略为5∶3，或是其类似3∶2，或是2∶1，都是很美的比例。如上身穿大款的黄色针织毛衫，长度到了臀部，那么下身穿一条黑色长至脚踝的长裙就是不搭调的，不如下身穿超短裙或五分短裤。另外一个配色比例是70∶25∶5，这是指全身各个色块所占的比例，例如套装面积最大，占70%，衬衫面积次之，占25%，首饰面积最小，只占5%。正确的配色方法，应该是选择一两个系列的颜色，以此为主色调，占据服饰的大面积，其他少量的颜色为辅，作为对比、衬托或用来点缀装饰重点部位，如衣领、腰带、丝巾等，以取得多样统一的和谐效果。

在讴歌个性的时代，每个人的内心都渴望与众不同。想要引人注目成为全场焦点，高纯度的彩色和大胆的撞色最吸引眼球。然对于肤色偏黄的亚洲人，亮色间相撞，“撞”得好，艳光四射；“撞”得不好，“头破血流”。所以民间谚语说：红配绿，土到家；黄配紫，不如死。太过抢眼刺激往往弄巧成拙。那么，如何搭配可以形成和谐的美感呢？一是将补色加白或灰或黑，改变色彩纯度与明度；二是控制比例，2∶8或1∶9为最佳；三是无彩色加入到两个补色间作调和，如黄衣紫裤加黑色外套等。

我们要逐步建立自己的审美方向和色彩体系，不要让衣橱成为色彩王国。选择白、黑色、米色等基础色作为日常着装的主色调，而在饰品上活跃色彩。这有助于建立自己的着装风格，给人留下明确的印象。

6 体形穿衣术

天生的完美身材只是一个神话。腰长腿短、身材扁平、比例不佳等身材问题在东方女性中比比皆是。“短款”“迷你”“低腰”等词，一直都被人们用以形容修长又凹凸有致的性感形象，殊不知，这些我们自以为最能凸现身材的着装因素，却是导致着装失败的直接原因。穿衣要诀很简单，就是掩饰缺点、展示优点。为什么有些人穿了某些衣服后，发现身材好像变苗条了，腿好像长了，腰明显有线条了？这是“视错”。了解身材的优缺点，扬长避短，巧用黄金比例穿出风采，越“错”越美丽。

> > > > > > >

6.1 平衡美的性感公式

整个社会氛围给了人们太多渴望苗条、年轻和靓丽的压力。“没有最瘦,只有更瘦。”如果一个人身边的绝大多数人都拥有和她一样的性感身材,那么她对自己的这一优势自信度就会降低。而我们大部分人都不具备模特的标准体型,高矮胖瘦都在影响我们的自信程度。据专家统计,大约72%的男性和85%的女性,至少对外表的某一部分表示不满。为什么我们如此注重身材?

身材直接影响个人的前程。从心理的角度而言,人们往往把肥胖和邋遢、懒惰,缺乏行动力等同起来,如同影视剧中的宅女形象,总是心地善良身形偏肥,而鲜少用胖女孩饰演女强人的。研究表明,年轻人的身体重量指数每增加1个单位,财富会减少8%。超重的人往往会花更多的钱进行治疗,所以也就减少了他们的积蓄。有些雇用者更愿意给身材匀称的漂亮员工加薪,减掉身上多余的肉会极大地改善一个人的财富状况,而且高个子比矮个子能获得更多的机会。女人的身高比平均身高每高出8厘米,薪水会增加5%到8%,男人的薪水会提高4%到10%。较高的人更容易引起人们的关注,吸引人们的注意力。

事实上,没有人的身材是十全十美的,不过是几公斤的差别,你身上的赘肉就会让你觉得不安,穿起衣服来也没有自信心。其实这是很平常的问题,绝不是你个人的烦恼。女人从20到45岁之间,平均会增加7—8公斤的重量,然后体重会再逐年增加1公斤直到65岁左右。许多女人对自己失去了自信心,认为胖就是丑,其实这是错误的观念。

任何一种女人,不论高矮胖瘦都有权利让自己显得美丽。如果我们一心只想着“等我瘦下来的时候我再打扮”之类的话，那你可能永远都要穿得像个欧巴桑了。我们在控制体重、变得更完美的同时，学习体形穿衣术，不但可以掩盖这些不足，还可以衬托形体的优势，并在心理上消除由于对外表不满而带来的焦虑，从而获得心理安定和自尊感。许多穿衣高手，恰恰不是身材完美人士，而是懂得扬长避短，在遮掩自己的缺点的同时，穿出个人风格，这就是体形穿衣术的魅力吧。

什么样的身材最迷人，最受异性青睐？

沙漏型。如“性感女神”梦露。女性各种外形特色中，沙漏型身材最吸引男性注意，腰围和臀围比例约 0.7 的女性，比拥有丰满上围和美貌的女性，更容易获得男性青睐。沙漏型身材的特点是：胸部和臀部丰满，却有细窄的小蛮腰，身材曲线在上半身和臀部起伏很大，腰部显得非常纤细，是典型的“沙漏”身材。对亚洲女性而言，天生的“沙漏身材”极其少见，明星、模特令人艳羡的丰胸美臀、纤纤细腰，很多都源于“后天制造”，如科学专业、长期坚持的健身塑形等。

最能吸引异性的是哪种装束？体现女人性感美的 X 形服装。

每个人都希望自己看上去非常靓丽，光彩照人和被他人爱慕。事实上，这一切的本质都是希望自己"性感"。所有的女性都希望自己看起来性感迷人。性感有很多种类型，有端庄略带腼腆的性感，有充满魅力又透着神秘的性感，还有热烈开放永远扑面而来的性感。遥控器就掌握在你自己手里，你应该根据自己的个性选择合适的性感模式。无论选定哪一种，体形穿衣术都能为你设计出最棒的服装搭配。

在电视屏幕和杂志上频繁出现的又高又瘦又漂亮的明星形象，让我们降低自我评价，但一定不要让这种情绪对你产生影响。记住，所有这些你不断看到的极其完美的女性都是包装的结果：强烈而明亮的聚光灯、专业彩妆师、服装设计师、私人教练、高档服装带来的魔力。此外，她们还握有最重要的撒手锏——由一位经验丰富的时尚设计师，不断提醒她们应该或不应该穿什么，才能呈现最完美的形象。

每个人无论身形尺码多少，都可以穿出属于自己的、独特的性感身材。

性感的本质是均衡美。科学证明，性感的永恒进化特征就是：对称。最基本的具有平衡形状的物品是沙漏。如果你每天都看上去很美丽性感，穿着沙漏那种廓形的服装再合适不过了。一个女人，哪怕即使天生就拥有沙漏一样均衡匀称的完美身材，但是如果选错了衣服，同样会破坏原本协调的比例，看上去非常糟糕。

完美着装的标准就是：简单，拥有极致的平衡美。用公式表示：平衡美的性感＝廓形＋具有正确比例的服装。

人体美学中有个最佳比例问题，业界有个全球调研得出的人身尺度黄金比例显示，西方人体比例最优，头身长度比例为 1∶7.5，即其身长为其头长的 7.5 倍！亚洲等东方人种稍微美中不足，头身长度比例仅为 1∶7，甚至 1∶5.5。最佳比例还有头肩比例 1∶2、头颈比例 1∶0.5 等。很多中国人的身材显得腰长、腿短。不少女人都有这样的体验，看到橱窗的模特穿衣很漂亮，自己穿上后完全不是一回事。就是因为模特是"九头身"，身材比例极好。

体形穿衣术的秘诀在于：着装的目标是使身体和各部分达到平衡，同时要学会扬长避短。

衣服符合体型不仅仅是指它的轮廓合适，穿衣服时，各件衣服必须彼此搭配得当，这样看起来才养眼。身体的高度、宽度，以及整体的大小与着装密切相关。整体着装看上去不平衡并非某一个元素的平衡造成的，而是整体的搭配失去了平衡。如果上衣的线条不够平顺，整个外形就会显得不和谐。下摆长至小腿中间或更长的连衣裙，应配以短上衣或者夹克。长长的连衣裙最好与平底鞋相匹配，束带领口的紧身绣花衫与窄小的裤子或者略呈喇叭形的裙子搭配，则显得别致，若与打褶的宽裙子搭配，则显得臃肿。当然每一条原则也有例外，有时，长长的束腰外衣与同种面料的宽松裤子搭配更能体现曲线美。

重点关注你的优点，无论是肩部、臀部还是腿部等，这会让你的缺点隐形。根据不同场合、时间和心情，选择各种不同造型和尺寸的服饰，塑造完美曲线；自由混搭不同材质与不同颜色的服饰，这会让你女人味十足；最重要的一点是，选择你真正喜欢并且你认为看起来最好的服饰。

你的身体类型直接决定了你能挑选的服装类型。一般而言，体型修长或直线型的人适合款式简约、线条清晰的款式和风格。体型圆润的人适合款式轻盈、动感的款式和风格。身体壮实的人较适合宽松的款式，身体瘦削者更适合修身款式。

每位女性都有独特的身高、体重和轮廓组合，每一个“你”都可量身定制一整套穿衣秘籍。

穿衣的真正窍门是找出自己的魅力所在，放大优点，运用错觉的技巧，掩饰自己的缺点，透过外表装扮，由内而外散发自信，充满魅力。

人无完人，相信许多漂亮的女性因为局部的不满而头痛不已。《看我七十二变》的蔡依林歌唱得好：爱漂亮没有终点，追求完美的境界，人不爱美天诛地灭！人定可以胜天，别气馁，把旧观念抛到一边，现在就开始改变，麻雀也能变“凤凰”。

6.2 体形的美化

天生的身材往往很难在短时间内改变，依靠药物和整形更是劳民伤财，根据体型特点，扬长避短，瞬间改变你的形象，就算身体某些部位并不完美，巧妙的穿衣搭配也能为你打造一个完美的形象。

根据肩围、腰围和臀围的比例，人的体型大致分为五类：倒三角形、正三角形、矩形、沙漏形和圆形。事实上，人的体型是在不断变化的，尤其是随着年龄增长，很多女性都变成正三角形体型。60%的东方人都是正三角形的身材，上半身不够丰满，但臀部和大腿又比较粗壮。这类女性穿衣要把握上繁下简、上浅下深的巧妙瘦身策略。上身可以穿复杂，但下半身一定要简单，这样可以平衡上下身的视觉。

每种体型都有优缺点，即使你体型很美，穿得不对，也会失去美感。所以认清自己的体型，扬长避短，巧选衣服，美化形体，使服装与身材达到平衡，并且能穿出曲线，发挥自己独特的魅力。

1. 沙漏形体型。体型特点：肩围和臀围尺码基本一致，所以身上一旦有肉就容易显得很壮实。腰部相比之下比较纤细，但臀部一般较平坦，容易给人造成比例失调的视觉效果。并且有明显的腰部曲线。沙漏型身材人越来越少，据英国专家研究，过去 60 年女人的腰围长了 17 厘米。沙漏变矩形，矩形的人越来越多。

穿衣诀窍：你天生是个衣架子，一定要把腰身显示出来，展现你的美。

第一，显露腰身。

据说玛丽莲・梦露她的纤细腰肢，是通过除去胸腔最下端的第 12 根浮肋得到的。其实，要想穿出纤细的腰身，只需要选对料子穿对衣就可以。不要穿高领,一件简略的低胸无袖上衣搭配一条卡腰的波西米亚大摆裙,举手投足间已然风情万种。身材丰满的女性如果下半身比上半身丰满,上身选择较为明亮的颜色,可将别人的视线吸引到上半身,而身穿高腰裤(裙)也能使臀部看起来紧致一些。若胸部比较大,要避免宽松的上衣,否则看起来会觉得大而无形。至于腰特别细的纤腰,要注意到腰部不可过分地强调,否则会因为腰小而使臀部显大。

第二,选对料子。

选择面料柔软而挺括的,小花纹与直条纹的衣料。通常波涛汹涌的女孩子,太柔软贴身的料子会让你的胸看上去大而无形,但也不能过硬,否则会给人刚猛的波霸感,没有女人的柔美气质。不易走形的坚挺料子是最好选择。

第三,各类服装选择。

针织背心——任何紧身衣服,如果肩膀高,忌盖袖、短小上装、抹胸。

衬衫——紧身衬衣、绣花衬衣、束腰衬衣,忌短小或宽松上衣。

外套——紧身运动夹克,下摆长至臀部,忌宽松短小或至腰部长的夹克,会将身体一分为二并缩短上半身。

裙子——男装风格女裤(紧身裤腰喇叭裤),忌锥形裤、紧身裤,会将腿一分为二,使小腿短小。

裤子——腰部打褶和翻边高腰裤、紧身裤、稍低腰的喇叭裤、锥形裤、九分裤,忌没有腰带的直筒裤。

连衣裙——束腰紧身和束带衬衣式连衣裙,忌宽松、高腰及横条纹裙子。

大衣——A字裙束腰式、长款和配有腰带的紧身大衣,忌披风蝙蝠袖、宽松插肩袖。大衣颜色搭配——少有色彩搭配禁忌,单色显高,身材短小,浅色上衣和深色下装,腿显长。

2. 倒三角形体型。体型特点:肩宽、臀窄,上半身的体积感也明显比下半身的体积感要强。体形看起来像个倒三角。或胸围尺寸和臀围基本相似,腰围不够细且有小肚腩,却有纤细的双腿。肩膀比臀部宽,所以可以很好地支撑起服装的肩点,连衣裙穿起来会显得特别挺拔。

穿衣诀窍:肩变窄,胯变宽。可以很自然地把衣服撑起来,穿出时尚女子深具自信的架势。

第一，不要突出上半身。

在选择服装时一定要选择将肩部“窄化”处理的款式。譬如领部有很多层次和分割线的设计，还可以通过佩戴丝巾的方式，进行肩部的视觉切分。另外，要多使用圆滑的肩线设计，要避免任何具有加宽肩膀作用的款式。选择剪裁不明显，柔软、流动性佳的设计让上身看来苗条，避免过于方正的外套，尤其避免双排扣；让视觉焦点转移到最苗条的部位，漂亮的双腿、较细的腰部或是精致的五官，平衡上半身的比例。

第二，裙装选择有讲究。

褶皱裤和多层裙装，以及较宽松的套装都能增加下半身的体积，纤细的双腿能让你成为公司中最靓丽的风景线。格子、印花或者花纹系列的衣服都是倒三角形体型人该大胆尝试的，穿着这样的衣服能让你的上半身看起来纤瘦不少，加强下半身的对比，整个人的比例也会显得修长起来。

第三，各类服装选择。

针织背心——束腰、喇叭形或摆裁、斜纹裁的紧身长上衣，忌短 T 恤、抹胸、无肩带上衣或宽松短小上衣。

衬衫——不带细节修饰的直筒形衬衣。

外套——单扣夹克、下摆较长的外套及摆裁斜纹裁的外套，忌紧身、多扣、双排扣夹克和短夹克。

裙子——A 字裙、紧身喇叭裙、斜纹裙及迷人下摆的裙子。

裤子——没有褶饰却精致的裤子、垂顺裤子、腰带较窄的裤子、阔腿裤喇叭裤和锥形裤，忌直筒或直纹裁的裤子。

连衣裙——半紧身连衣裙、斜纹裁、衬衣式、外套、A 形连衣裙，忌高腰、束腰和针织紧身连衣裙。

大衣——A 字形半紧身外套和宽松插肩袖大衣，忌长款大衣和束腰大衣。

颜色搭配——上半身深色显立体感，下半身浅色产生平面感，这样人们目光会更看重下半身。

裤子和裙子可以选择颜色鲜明、图案清晰的来增加下半身的体积感。

3. 矩形体型。体型特点：肩围、胸围和臀围的尺码相差不大，缺乏女性凹凸的曲线美，并且臀部通常扁平而窄小，肩膀也是又直又方，没有太突兀的地方，如丝瓜般直来直去，性格也多少有些男孩子的潇洒和帅气。性格中的直也会恰好切合你的穿衣风格。李宇春就是极具中性美感的女人。

穿衣诀窍：要强调宽阔的肩膀和臀部，同时收紧你腰。曲线刚柔并济，穿着打扮可以很中性，也可以很女性化，可以发挥创意的空间很大。

第一，直筒装束。

直筒的洋装天生是为你而生的。帅气的吸烟装，剪裁得体的中性西装，都能把你的优点显露无遗。如果想显露腰身，一根细腰带加上比较夸张的配饰，就能完成最时尚的任务。宽松版的裙子和灯笼裤，也会让你的腰身显得更加纤细。选择质地轻柔、有垂坠感、光亮的面料，如天鹅绒、缎面会让你看起来丰满并且有吸引力。

第二，不穿紧身衣。

过于紧身的服饰，会让平直的线条完全显现出来，此时可以选择多层次的穿法，但内层的衣服要合身不能紧绷，颜色鲜艳的必须在内层，注意强调腰线，以有腰褶的裙子和裤子，配上有垫肩和饱满袖子的上衣为佳。在肩部可多用横线条，让肩部看起来更宽阔；腰部使用深色的腰带看起来腰身更苗条；在胯部可以打些褶子，增加臀部的立体感，这样能让苗条的矩形体型人看起来更富有女性的魅力。

第三，各类服装选择。

针织背心——V形、U形和船形领，忌平直长束腰上衣。

衬衫——对比色点缀、明线贴袋，垫肩或肩膀上有修饰，忌短衬衣、直筒衬衣、低胸无袖衬衣。

外套——紧身夹克，特别是腰部收缩，下摆张开至臀部的夹克猎装和束腰夹克，忌宽松夹克。

裙子——各种裙子，只要有腰线，A字裙直筒裙或紧身连衣裙等皆可，忌没有腰带特别是很长的直筒连衣裙。

裤子——腰部打褶和翻边高腰裤、紧身裤、稍低腰的喇叭裤、锥形裤、九分裤，忌没有腰带的直筒裤。

连衣裙——束带和束腰连衣裙、斜纹裙紧身喇叭裙，忌宽松裙子、直筒裙、横条纹及紧身连衣裙。

大衣——束带长外套、喇叭形外套，忌宽松插肩袖大衣、直筒外套，忌穿披风。

颜色搭配——上下深浅搭配为宜。

4. 正三角形体型。体型特点：上身较瘦，臀部较大，臀宽比肩宽更大，并且有溜肩现象。

穿衣诀窍：扩展肩膀，把注意力从髋部转移到其他部位。

第一，巧妙瘦身。

最适合这种体型的上衣一定要加垫肩，特别适合那种有肩章设计的上衣。可以将引人注目的细节强调在上半身，如出色的领型、对比色的衬衫和外套、醒目的扣子或胸前口袋、美丽的首饰等。夸张的上半身装饰会让人的目光全部集中在胸口和腰身，你的缺点就变成优点了。有突也要有收，下半身就要稍稍紧起来，裙子则要选择比较包臀的合体的裙子。把蓬蓬可爱的公主裙从衣橱里扫出去吧！若腰部很细，与臀部产生太大差距时，避免系太宽太紧的皮带，以免让臀部显得更大。

第二，各类服装选择。

针织背心——若肩膀窄，穿船形领、无袖上衣，忌喇叭形袖子的上衣，会增加下半身分量。

衬衫——略微紧身衬衣和带有装饰性衣袋、垫肩或肩饰和衬衣，U 领绣花衬衣和紧身裤搭配效果不错，忌过于紧身的衬衣。

外套——长至臀部的半紧身夹克，或下摆略呈喇叭形刚遮住臀部的夹克，宽松夹克、男朋友夹克、单排纽扣运动夹克能拉长身体曲线。

裙子——A 字裙、紧身喇叭裙、束腰裙斜纹裁和直线裁的裙子，忌腰带宽直筒裙、百褶裙、后面有装饰口袋的裙子。

裤子——垂顺的低腰喇叭裤。如果腰带不宽又合身，更佳。忌锥形裤、高腰裤、前面有褶饰的裤子，腰带较宽的裤子、宽松的裤子和紧身裤等。

连衣裙——上半身紧身下半身面呈 A 字形斜纹裁连衣裙、束腰连衣裙都不错。忌过于紧身或高腰连衣裙。

大衣——披风款、长款和束腰款大衣，忌宽松的插肩袖大衣、紧身或极繁复或双排扣大衣。

颜色搭配——上浅下深，能扩展上半身、平衡下半身。

5. 圆形体型。体型特点：其脸形大多为椭圆或圆形，身体外形呈长方形带点曲线，整体外观看起来身体圆润带曲线感。可能有宽肩、有圆润的胸部曲线、不明显的腰部线条、大大的臀部。

穿衣诀窍：穿有延伸感的服装，以拉长体型。

第一，注重款式。

将上衣的门襟遮盖住肚子的2/3部分，还可以将门襟设计成不规则的形状。另外，可以佩戴大型的首饰或强调领子的设计，将人们的视线从圆鼓鼓的小肚子上移开。衣服的下半部不能膨大，也不宜穿着紧身的服装。

第二，面料挺括。

面料太硬显笨重，太软不成形。最好挑选微挺有垂感的面料，做成两件式衣服。外衣的门襟呈直线，平时敞开外衣不系扣子。这样在直线条的作用下，胖身体就显得被分成了修长的三份，人也就不显得那么臃肿了。

第三，各类服装选择。

针织背心——V领能使脸变尖，圆领、U领使脸变圆，尝试无褶皱不收腰下摆至臀部的衣服。忌尺寸偏大，忌穿束腰运动衣和T恤。

衬衫——开口领子、带精褶饰但不在衬衣下摆处、不收腰下摆触及臀部的上面。忌紧身衬衣、下摆为直纹裁的需束腰的衬衣。

外套——下摆能遮住臀部的紧身直筒夹克。如矮小，夹克长度不超过大腿最上部。单扣是最好选择，因能产生细长V字形，使腰部变细变长，而束带夹克、宽领口夹克、饰有盖袋夹克会使腰围粗大。

裙子——斜纹裙、前面平直的A字裙，没有腰带裙。忌直筒裙打褶裙饰有前贴袋裙子和裤式拉链的裙子。

裤子——前面平直的裤子，直筒裤、喇叭裤，忌打褶裤、高腰裤、侧贴袋裤子，忌锥形裤，使腰围显大，紧身裤使腿变短小。

连衣裙——非束腰连衣裙，A字裙、高腰裙、饰有胸褶的VU形领的微紧身连衣裙。配有外套的连衣裙不错，忌束带束腰非常紧身连衣裙。

大衣——宽松的插肩袖大衣或A字形大衣。忌束带或很多褶皱、刺绣大衣。

6.3 亮点越高个子越高

哪个女人都喜欢自己能够亭亭玉立！很多时候我们东方人看起来微胖，是因为比例的问题，比例好的确能让我们显得更加高挑，从而增强气场和成就感。

拉伸比例最需要遵循的原则就是保证上短下长，把亮点放在胸部以上，让别人视线往上走。这是基于黄金分割理论：人们的肚脐是人体总长的黄金分割点，人的膝盖是肚脐到脚跟的黄金分割点。我们在观察人的时候会有一种无意识状态，会自觉不自觉地把自己的视觉焦点集中在人的上半身上，我们在观察人的时候大部分人会以头、上身、下身、脚，从上到下的进行观察。其中上身的观察占观察总数的50%—80%。

柔软贴身、制作精良、的短款上装，色调上下呼应的裙装，层层叠叠的吊坠项链，将视觉焦点放在上身。再配上高鞋跟，显得挺拔修长，散发无穷的魅力，谁还会注意你的短腿？

改变人的视觉高度，只要从服装的款式、色彩、面料和配饰这四方面入手，就能让个子不理想的女性看起来文雅而修长。

简单就是美，这是你的座右铭。太复杂的设计只会让你自暴其短，使你看起来矮小沉重。

短款外套是小个子美女的经典单品，具有黄金分割的视觉效果。欧美女星很多配有紧身或超短外套。方领和V字领，使短颈看起来较长。但短款上衣与低腰仔裤的搭配，绝对可以称得上是大多数东方女性的噩梦，把我们臀宽、腰长又短腿的身材问题暴露无遗。且因为上衣长度稍短而露出一圈腰部的赘肉，不管你的衣服穿得多好看，那一圈被低腰裤头挤出来的赘肉抢走了视线。低腰裤并不适合每一个人，如果你还是坚持，上衣的长度一定得

上短下长，把亮点放在胸部以上，从而使个子显得文雅而修长。

连带考虑进去才行。大多数中国女性最适合的牛仔裤，就是从小腿以下微微加宽的喇叭裤。

上衣避免过长过复杂的款式，简洁大方的款式能起到拉长身段的效果，让你看来干练而不拖沓。白色的上衣长度及臀，明显的胸线设计可以使得视线不断升高，有拉长比例的效果。长而窄的袖子，看起来更能显得身材苗条。尽量挑选五分袖或七分袖露出手腕，适度地露出肌肤。矮胖女性避免穿宽大裤脚和向外展开的衣服，也不宜选用大衣领、袖口大反褶、大反领、大纽扣、大口袋等设计，因为这些都足以使人产生错觉，认为这样打扮的女人身材既矮又胖。

超短裙助长。超短裙或许是看起来显高的最佳着装款式了。稍显高腰的短裤也能遮掩住过长的腰部线条，使得人们的注意力更多地集中在双腿上。当然腿部细条较好，中年女性腿部粗壮又喜欢穿超短裙装嫩绝对是恶俗。慎重选择层层叠叠的喇叭口短裙，只会让你显得身材笨重。

紧腿包臀的裤型使双腿看起来更修长。裤长最好盖过鞋跟。宽松的休闲感长裤常让娇小女子望而却步，其实只要把裤管卷起，露出纤细的脚踝，就有长腿和瘦身的视觉效果。

面料光滑平整。精纺面料、丝绸面料和针织质料的衣裙，都有拉长身材的作用。

纵向线条显高，线条越少越显高，过于密集的纵向线条反而显胖。印花图案尽可能小，试想，一只大花瓶里插2支小花一定不好看，一幅小画镶很粗的边也不好看。小个子女性穿“花”，一定要远看看不清具体的花型，才是最适合的。渐变色、垂坠感流苏、竖线排列印花来代替条纹，也能拉长身高。

横条纹显胖？不一定。运用视错觉原理，一身粗横条纹显胖，而细横条纹反而显瘦。同理，竖条纹不一定显瘦。粗的竖条纹反而显胖。

上下装色彩须连贯或呼应。同色的鞋和袜，或式样简单、狭长的裤子，搭配同色系的鞋款，视觉的延伸让身材显得更为修长。对比强烈的色彩只会让身材出现断层，穿同质同色的套装，不免乏味，内外、上下不同颜色搭配显得活泼朝气。请遵循 2：3 或是 3：2 的色彩比例，而且上浅下深，将视觉焦点转移到肩部。选择紧身裤或直筒裤，放弃肥大的裤型，尽量以斜口袋来代替横向口袋。

亮丽鲜艳的前进色能提升整体亮度，其膨胀感会让身高在视觉上更显高，而黑、深灰之类有收缩色只会让你更“缩水”。暖色系比冷色系显高；浅色系比深色系显高，而饱和的颜色比浅淡的浊色显高。沉闷的颜色只会让你更加不起眼，饱和度高的色彩可以在提升整体亮度的同时，膨胀身形，至少视觉上不再娇小。

衣料的图案花纹宜小而碎，颜色不必太抢眼。

花衣显胖，大图案显矮。裙子最好不要有太多装饰，要不然只会让你显得又矮又胖。

长珍珠项链拉伸上半身的视觉比例。佩戴的珠宝饰物不宜过大，使人看起来文雅而修长。体积感的大耳环、手镯，设计感强的戒指都可以让你散发俏皮活泼的味道。

高跟鞋的式样宜斯文大方，丝袜不宜过花过浅。避免坡跟或松糕鞋，厚重的鞋底使得身材看起来很笨重。细高跟是绝好的选择，它不但拉长身高且还能使小腿看起来更纤细。

矮胖女性携带皮包等配件时，宜选垂直条形的，不要拿横向发展的皮包，方体型皮包或大圆的竹篮式皮包等，都会使你看起来更胖更矮。

若是身材矮小而胸部却很丰满，那么上身不要穿戴闪耀灿烂的配件，否则会使人产生头重脚轻的感觉，另外，矮个子女性不宜留过长的散发。

以上是一些让我们身高不理想的女性穿衣显高的共性规则。但打扮的最高规则在于，熟悉规则，打破规则。穿衣是一种人生乐趣。

长裙显得个子矮？是的。但是如果露出脚踝就拉长了下半身比例。与长裙搭配的上衣颜色一定要亮、简单，无第二种颜色出现，鞋跟最好是粗跟。长裙不能和太小太文静的包搭配，拎一些有质感的、有分量的包，才能平衡长裙带来的飘逸。穿着长裙，最好是齐耳短发，或者是把头发挽起一个发髻。衣服已经强调过飘逸了，头发上无须再做类似文章。长袖开衫也可搭配长裙，但开衫内部搭配的衬衣或背心最好是同色系的，拉长身线。

难道我们个子矮就不能穿阔腿裤吗？不是。如果你有自信，懂得扮靓技巧，穿任何衣服都可以穿出你自己的味道。一个人要尝试一切新鲜事物，你不试怎么知道不适合呢？不要让你的身高或重量阻碍你尝试不同造型的脚步。令矮个子望而却步的阔腿裤也可以穿得非常漂亮。重点不在阔腿裤本身，而是在于你在阔腿裤里面穿了什么和你用什么和阔腿裤搭配。如果在阔腿裤里面穿上非常高的防水台高跟鞋，搭配非常紧身的上衣，矮个子照样可以穿得风情万种。杨澜中等身材，一般都是套装示人。但有一次做节目访谈时，穿了黑色的阔腿裤搭配紧身的黑色短袖，戴一套复古的巴洛克风格的银饰，当然底下少不了黑色的高跟鞋，显得风姿绰约，别有一番风情。

强烈的廓形，金色的刺绣，丝质的罗缎，艳而不俗的色彩，奢美的珍宝项链，瞬间打造华丽宫廷感风格。

个子不高的人如何穿出繁复风格？

都说中国女性喜欢极简风格。不喜欢太多细节上身，而用干脆利落的直线条更能修饰身高。但女人天生喜新厌旧，看腻了衣橱里的经典款式，老穿极简总有点人生如此乏味的枯燥感。从《欲望都市》到《绯闻女孩》，这些时装剧里抢眼的女主角，有哪位是走极简路线的，谁不是DRAMA至死？女人，有时穿衣不必太乖，不妨做个“作女”。当然，作亦有“道”，每季都可收入那么几件张扬的东西让自己HIGH一点。兽纹外套，狂野又百搭；全蕾丝衫，永恒小性感。每个女性都可以穿出属于自己繁复风格的女王或华丽风格。

6.4 穿出“青春线”

人的衰老从哪里开始?

体态。一个人在外形上进入中年的感觉,主要不在脸部,而在体态。但只要保持住“青春线”,我们就不会老。但有多少女人意识到需要把镜子放在自己的背后,看看背上的青春还剩下多少呢?世上没有什么灵丹妙药可以让人长生不老,至多是延缓衰老,但有的女人虽然面孔已是一朵干花,可她坐着、站着、走起路来的感觉却有着青春的挺拔,她的背身充满诱惑。印象很深的一部电影《为戴茜小姐开车》,80岁的戴茜小姐在教堂做礼拜时,她后背与座位的靠背之间永远有一个缝隙可以让一只手横插过去。到老都拥有美丽背身的女人是美到骨子里去的女人。

我们的“青春线”去哪儿了?

每一个女人在她生命中都有一段时光拥有着背部的美丽,那是从颈后到腰臀的一条曲线,是少女独有的“青春线”。一个美丽年轻的背身给人的想象绝对超过直面一张漂亮的脸。随着岁月的流逝,我们的头颈到肩胛处已有脂肪悄然堆积,抹平了原本应该凹进去的部位,出现了微微的弧度,失去了颈肩的本来曲线,两块肩胛骨应有的清晰轮廓正在模糊而呈浑圆,背部正在变得厚起来。这样自然就给人是中年的感觉了。

身材体现的是一种人生态度。人前的美貌与人后的自律成正比。许多刚刚进入25岁的女性就开始谨防腰身变粗和腹部凸起,并随着年龄的增长与之进行坚苦卓绝的斗争。聪明的女人如不老女神赵雅芝,在妙龄已逝的岁月里仍牢牢地把握着“青春线”,她们懂得让人一见难忘的美丽,并不是涂着时尚颜色的口红,不是精心修理过的眉眼,也不是妖冶精巧的鞋跟,而是背

人老从体态始。保持“青春线”即能保持年轻态。青春线是指从颈后到腰臀的一条曲线。当女性到 20 岁、30 岁的时候，达到最高峰，40 岁后开始跌落。是否拥有青春线，是少女与大妈的分水岭。

部依然有着“青春线”的美感，因为那是最做作不了的地方。

除了保持苗条的意识、仪态训练等健美，穿对衣服，快速让自己显高挑、显青春活力。

第一，显瘦的款式。

斜线越斜越长，显瘦效果越佳。不对称的款式，让身材瞬间高挑显瘦。

大领口带来轻盈感。相信在大多数人的着装观念当中，越胖就越要把自己包裹起来。其实恰恰相反，尝试一下把领口打开，你会发现这样做会令你的整体感觉都轻盈不少。时装界有句话：只有先把领口打开，才能把思想打开！一字领、大圆领都是不错的选择。巧妙把握“双 V”的情感真谛，用 V 领、V 字项链让下巴变尖，脸变小，使整个人看起来年轻而有精神。由于大多数丰满的人都拥有令人羡慕的胸部线条，那么为何不把让脖子到胸前的区域多露出一点？把头发松松挽个发髻，脖子显得纤细修长，优雅的感觉仿佛天鹅湖中的公主。而遮遮掩掩只会让你看起来越发暗淡无光！

上下松紧有致。对于身材一般的人来说,上松下也松的搭配应该避免。反之,上紧下松、上松下紧都是可以穿出好曲线的方法!

简单款式不一定显瘦。如果身材丰满,过于平淡的款式反而会令人显得更加宽大敦实。巧妙地选择一些带有设计感或悬垂感的衣服,既能避免过分放大的视觉效果又能让你感觉活泼生动不少。

巧妙设计藏赘肉于无形。悬垂的设计不但可以减少死板的视觉效果,还可以在一定程度上柔化你过于粗壮的大号形象。轮廓分明的立体剪裁也是修饰赘肉的巧妙设计。外套长度刚好过肚围线5厘米,最有瞒天过海的效果,也不影响腿的长度比例。

服装要合体。肥大的衣服“掩耳盗铃”“欲盖弥彰”,太宽大的衣服使人看上去像个大包。一般来说合体、简洁大方的款式看上去整体不会显胖,而又很有品位,只是一定要选择好的版型。面料不能太厚重。韩版衣服让身材好的人更好,丰满女性穿韩版衣服因胸线、腰线处于同一直线,显得臃肿拖沓。

第二,满花图案要慎重。

瘦人更适合满花图案,不规则、大小排列的图案显瘦,均衡排列的满花图案显膨胀。脸部轮廓较粗放,骨架大些的人穿着色彩对比强烈,大图案的面料,可以让人物看起来瘦弱些。脸部轮廓较清秀,骨架较小的人可以选择色彩柔美清爽小图案的面料,使人看起来没有那么瘦弱。点形图案中有大点中点小点,这类图案有膨胀感,所以不大适合身材胖的人,但是身材略胖的人可以选择密集度较高的小点图案。

垂直线条显瘦。眼睛能快速地扫过的线条,线条就会显得越长也越窄。扫过垂直线条需要的时间比较短,所以垂直线条的衣服,会让你的身体显得较为修长。曲线会让你的眼睛更缓慢,并且造成凸现的效果。对角线是你的第二首选,斜线越是垂直,越能体现拉长身体的效果。竖直的图案拉长视线,从而让身材变得高挑显瘦。

横线条如何显瘦?横线条会让人的视觉放慢,所以就会显得宽而短。但细而密的横线条显瘦。宽宽的竖线条显胖。

上下拼接色的设计的确很适合上半身丰满的人穿着,可以在视觉上起到分散的效果。

服装局部点缀。色彩单一、大面积而又单调的服装容易使人显得老态。

而一些细节的设计可以吸引别人的视线,不至于把注意力过多的引到丰满的身躯上。胸前和领上的点缀可以把别人的视线吸引到胸的上半部,而忽略了你的小肚腩。

第三,色彩的和谐方式。

色差越小,越显腿长。想腿长就选内外或上下同色搭配或衣裳之间色差较小的。另外衣服如果长,裙要短;裤装要紧身些。同一色系不同深浅明度搭配,活泼中有柔和的感觉,视觉舒服,平静。纯度类似色系不同,但明亮度一致的,组合出的色彩丰富,活泼,耐品味。

黑色显瘦也显重。黑色能修身,能遮掩,能百搭。但黑色有沉重感,对于身材丰满的人们来说,通身的黑色会令人看上去更加死板沉闷,适当尝试一下内外深浅搭配,选择轻盈亮丽的色彩又有何妨?轻薄的质地和柔和的色彩都很适合在夏天穿着,但面料不能太软。否则"原形毕露"。

丰满体型穿深色或素雅的颜色显苗条。在上下身的色彩比例搭配时,要注意裤、裙的色彩不要比上衣浅,否则会给人胖上加胖的感觉。胖人不穿套头,穿开衫好,有修身效果,但不要穿得像粽子。有型的、质感的,穿套装显瘦,休闲服显胖。有年龄感的人,最有资本的是小腿。

矮胖体型可以多穿一些套装形式。色彩尽量简洁,以深色、中性色为主,避免花哨。注意上下身衣服颜色不要面积相等,以免把整个身子分成两个部分,显得更矮。把整套衣服的修饰重点放在颈部、头部等腰线以上的部位,可以把视觉点往上提高,使人看起来显得修长些。

高腰线只适合身材标准的人用。丰满的人穿高腰衣,显得胸部下垂。韩式高腰线,胸和肚子鼓鼓的,胸线和腰线同一直线了。

第四,面料选择有讲究。

以东方人的身材,一般胸部丰满的人,背厚、手臂也粗,选择略微硬挺质感服装面料且合身的衣服,会让你看起来瘦削一点。避免过于贴身的柔软面料,让有型的服装成为您良好身材的再造工具。当然并非要完全的抛弃所有柔软面料的服装,有时候它可以作为内搭等与有型外套搭配使用。

虽然每个人的身材不可能像模特那样骨感有型,但即使胖也要穿得有气质。所谓时尚就是自己眼中的风景,适合自己让自己穿起来好看,才是真时尚。只要注意形、色、质这三要素与你本人的吻合度,任何人都可以把服装穿出美丽的感觉来。

7 穿出权威感

男人是社会的基石也是顶梁柱，男装语言也是在诠释着男人的可靠性。男人穿衣在于一种理性、政治和逻辑。男装从来都是遵循着经典，不像女装那样变化多端，但无论女装怎样变换，女装语言 90%都从男装而来。男装可以说是以不变应万变，那些经典的男装外套解读着他们的内心世界。西装因其挺括的质地，坚实而富于逻辑的剪裁，帮助男人传达内心坚实、稳重、严谨、富于逻辑的感受。在职场，最能体现权威感的非西装莫属。

> > > > > > >

7.1 西服如战袍

上层男士多喜欢穿西装，并且是色调暗淡、面料柔软有质感的服饰。

而西装恰恰出身“低贱”，产生于19世纪维多利亚时代，苏格兰特威德河流域的下层工作服，是众多夹克衫中的一种，英国人称其为“翁基夹克”（Lounge Jacket）。谁知到了19世纪60年代，西装作为历史文明的服饰，终于名正言顺地坐稳了第一把交椅。

西装第一次造访中国应是晚清时期。当时代表西方文明的西装，却让一批沐浴过西方风气，接受过西式教化的中国知识分子深刻反省，康有为等有识之士倡导“断发易服”，即从服饰开始学习西方进步的思想和文明，20世纪初外交大臣伍廷芳也奏请宣统皇帝“改易西服”。后因历史的原因，很长一段时间，中国男人与西服绝缘。20世纪80年代改革开放，中国领导人才穿上西服，这其实是西装第二次造访中国。

西服对男人意味着什么？逻辑、力量和权威感。

在需要表现权威感的场合中，全套西装加上衬衫、领带的完整组合，是男士们最好的选择。中上阶层穿着西服是权威的有力象征，相比较一位没有穿西服的人，我们更有可能相信、尊敬和服从一位穿着西服的人。

在社会各阶层，西服与权力、地位紧密相连。在最隆重的场合，中国领导人几乎穿着一模一样的深色西装，头发也是清一色乌黑，很难将他们区分开来。美国总统大选中，西装犹如战袍，直接影响其竞选成败。历来美国成功的总统在穿衣方面都极有品位。《华盛顿邮报》时尚专栏记者罗宾·吉芙汉有过评论：奥巴马这身经典黑色着装永远不过时，即使是非正式场合，黑色也赋予他稳重的气质，并传达出一种权力的驾驭感。他同时批评共和党候选人米特·罗姆尼和其副手保罗·伊恩败在个人形象，认为“竞选的形象需要传达一种‘我就是全世界’的概念，需要征服不同种族、不同肤色、不同阶层的选民，而竞选形象作为一种纯粹视觉传达，罗姆尼和伊恩松垮的形象，从未重视细节的打扮，让他们的竞选毫无亮点。看上去就像罗姆尼领着自己的儿子，人们唯一关注的就是他们油乎乎、粘着发蜡的头型”。下图为奥巴马任总统前后形象对比。

英国时尚记者罗伯·扬：“不管政治家承认与否，从第一天踏上政治舞台，在民众面前‘演出’时，他们的穿着就主动或被动地影响他们的政治生涯，继而影响社会。”

美国前总统克林顿刚步入政坛时，不改从小邋遢的穿衣习惯，总是穿着棉质的休闲衬衫和条绒裤子。直到在美国总统大选的关键点时，他才发现从南方乡下阿肯色州带来的休闲装无法让他登上全国的大舞台，于是马上改穿华盛顿政客的制服：深蓝色西装、白衬衫、红领带。这一着装改变助他一路顺风，登上了美国总统的宝座。

如今西装成为男人最主要的商务服装。人们最容易从穿着的西装来判断一个人的地位、个性和才干。穿不穿西装，有时会成为一道形象管理的难题。

一家美国公司收购日本公司后，因为美国人上班喜欢穿休闲服，所以日本人也穿起了休闲服上班。结果日本人穿休闲服的表情绝对和自由舒服不搭界，反而士气低落，连来公司谈业务的客户也少了许多。为什么？因为日本是等级分明的国家，穿不穿西装反映的是工作属于白领还是蓝领。无论政府工作人员、公司职员都以穿西装为标准装束。但地位和收入都比较低的售货员、产业工人等，就不必如此穿着。这家日本公司的员工都属于白领，让他穿便服，日本人不会认为你要让他更舒服更自由，反而认为你要降低他们的地位。

深谙此道的是航空业。机组人员身着统一制服，一般选择黑色或水兵样的外套，内穿白色制服，配以黑色或水兵领带，这样的装扮最大限度地体现权威，代表着能力和素质，无形中传达了“我们会照顾你”的信息。从而让旅客高枕无忧，安心乘坐。如果飞机驾驶员身穿便服驾机，你还敢乘坐吗？同样，空姐干的就是飞机服务员的活，但公司对其专门的仪容仪态培训，制服时尚精致得体，让她感觉自己是高级的专业人士，如果让空姐穿着普通服务员的服装，感觉又将如何呢？所以得体的服装能提高生产力。

有道是：男人穿的是品牌，女人穿的是款式。女人穿衣服注重的是时尚，所以穿的是款式。男人穿衣服注重的是档次，因此穿的是品牌。对于男性经理人来说，一套亮丽的西装自然是必不可少的。购买西装一定要抱着“宁缺毋滥”的原则，质地和做工自然要特别讲究。在欧美国家，正装包括商务西装和燕尾礼服两类。在中国，正装则多以商务西装为主。一套制作精良、尺寸合适的西服，须考虑以下几个要素。

要素一：质地上好。

一段上好的面料，要轻薄、柔软、挺括。有良好品位也要懂得面料上数字的意义。如100％羊毛或者麻、棉和羊毛的混纺。标签上还会出现120、160等字样，这是布料纺织的支纱数目。支纱数越高，布料就越好。上好面料做出来的西装是看上去质感很厚，但是拿在手上却非常轻。此外，辨别男装的质地50％凭手感、50％看价格，质地上好的男装价格都比较高。

要素二：剪裁精良。

除了面料，最看得出西装质地的当然是剪裁。经典的西装都是运用所谓“帆布剪裁”的方法，即在面料和衣里之间，有一层手工缝纫的衬，为保持弹性，还加入马鬃等物料，这才是一件西装的灵魂。如今能够坚持手工缝纫衬的西装制造商寥寥可数，很多顶尖大牌，常常也是只在一线产品上使用。要知道一件西装是不是手工缝纫衬，只要拣下摆处，双手分别捏住面和里略微拉开，如果感觉到两层之间还有一层，你挑到了一件绝对值得投资的好西装。

如果你的个子不高，身体不壮，肩不特别宽，选择什么款式的西装？建议选择日式西装。基本轮廓是H型，没有宽肩，也没有细腰。一般而言，它多是单排扣式，衣后不开衩。它适合我们亚洲男人的身材，这样的服装穿在我们身上，比较得体。

美式西装，基本轮廓特点是O型。就是比较宽松，不太强调腰身，垫肩不是很明显，通常是后开。适合稍微宽松的一些场合和身材高大魁伟的一些男人，特别是肥胖一些的男人。到过美国的人就会发现，美国人一般着装的基本特点可以用四个字来概括，就是宽衣大裤。强调舒适、随意，是美国人的特点。美国人性格就是要强调个性化。

意式西装，也叫欧式西装。基本轮廓是倒梯形，实际上就是宽肩收腰。相比美式西装，意式西装严格和讲究，有特别夸张的垫肩，最明显的特征是一般是双排扣的，枪驳领，裤子是卷边的。比较适合高大魁梧的身材。因为意式西装上身偏长，身材过于矮小和身材比较肥胖的人不太适合这种西装的款式。最重要的代表品牌有杰尼亚、阿玛尼和费雷。

英式西装，多是单排扣，有两粒扣，但以三粒扣子居多。领子较狭长，这是因盎格鲁—撒克逊人种的脸形比较长，强调掐腰，肩部也经过特殊的处理，后面一般是双开的，叫骑马衩，还有一种是中间衩。骑马衩实际上和英国人的马术运动有关。骑马时这个西装如果大小不协调，或者不注意的话，一下子就压到屁股下面去了，所以他上去一撩，西装就能够搭配马的两侧。但是日本版西装大部分是无衩的，为什么？因为我们身材不高大。而西方人一米八五，都是很常见的。东方人的身高一般就是一米七左右，如果两侧开了很高的衩，搞不好会把裤腰带都露出来了，不美观。

要素三：讲究色彩。

休闲装和正装西装是有其色彩方面的区别。正装西装不讨论个性，讲究的是深色的、单色的，如黑、白、蓝、灰等的色彩。衣服颜色越深，传达的权威程度越高。最能使中上阶层信任你衣服的是纯深蓝、纯深灰以及和这两种颜色搭配的条纹。能让你更讨人喜欢的衣服还有纯浅灰色、纯浅蓝色和中度的商务人士格子。明亮的格子让中上阶层厌烦。

职业经理人在工作和正式场合着装，一般是极深的蓝黑色或深灰黑色，但不穿黑色西装。在西方，黑色是婚礼或葬礼的着装颜色，属于礼服色，穿着在不恰当的场合会让人觉得很突兀，觉得你不懂基本礼仪。在西方，铁蓝色和铁绿色被认为是中下阶层的服装色。

西装一定要合身。要特别注意肩部和躯干部分，其余部分容易调整。手臂垂下时，袖子长度到腰骨处最为合适，略微露出正装衬衫的袖子。领带宽度与西装翻领宽度要相称。

如果是休闲西装，那么可以个性化，米白、咖啡、宝蓝、墨绿、橙黄、鲜红、艳粉等各种色彩搭配与变换增添了休闲西装的层次感，令服装更具内涵。

最权威的图案是纯色细条纹，越不明显越好，选择那种只有细看才能看得出图案的面料。其次是深底白色条纹和格子，需要显得更权威一点，那么坚持穿黑色条纹。

要素四：注重细节。

西装绝不是千人一面的制服，其魅力在于个人风格的塑造。其细微之处，正是西装的精华所在，也是表现穿着者审美趣味和鉴赏水平的地方。

袖扣。如果你喜欢时髦一些的款式，那么袖扣有重叠这一细节不可忽视；如果你偏好经典的款式，那请留意如果袖扣间隔开很多距离，一定是流水线加工的大路货，经典西装的袖扣一定是紧密并排的，这意味着真正手工缝制的价值。

领型。每个人都可以根据自己的喜好，选择不同的领型。但是基本上领型决定了西装的款式，效果上也会有很大不同：翻领的驳位在视觉上可以调整身高，高个人士可选择低一些的驳位，反之则高一些；而一般东方人的脸型比西方人大且扁平，宽领会比较适合，当下时髦的极窄领型，或许只有英俊模特们穿来才好看，未必适合每个人。

总之，选择西装，最重要的是适合，买贵不如买对。根据自己的体型、形象特点，找出适合自己的风格。价格不是越贵越好，懂得如何在有限的选择中进行组合搭配，穿出自己的特点。体型高大者着双排扣西装显得魁梧，而体型一般或瘦小的人，穿单排扣西装则显得简洁俊美。奥巴马属于身材高大且偏瘦的类型，这样的体型虽然可以说是万能，但最为忌讳的就是选择过度合身的衣服，会看起来更瘦更高。因此奥巴马的西装上衣总是选择肩宽超过自己肩膀的剪裁，同时平驳头尽量伏贴在西服上，因为太高的翻领会让西装上衣显得过小。同时在各种场合，他都为自己修长的脖子配上了一个比标准衬衫领子高1—3厘米的衬衫，这样会让脖子的部分暴露得不是太多，同时让他看起来更为可靠。

近几年来，西装流行雕塑感强的简洁款式，剪裁修长合身，高钮、拉扣，略收腰，肩部曲线自然流畅，面料多以羊毛、麻为主，经过高科技处理柔软轻薄的面料是重点。西装在延续传统经典的同时，也增加了时尚的元素。

7.2 西装关键在于“穿”

买得贵不如穿得对。西装三分在做，七分在于穿。西装和衬衫、领带的搭配是一门学问，若搭配不妥，有可能破坏整体的感觉，但是如果搭配得巧妙，则能抓住众人的眼光，而且显得自己别出心裁。领带永远是起主导作用的，因为它是服装中最抢眼的部分。一般说，应该首先把注意力集中在领带与西服上衣的搭配上。以比较讲究的观点看，上衣的颜色应该成为领带的基础色。

第一，正装合身是关键。

什么是正装？一般意义的正装就是“西装革履”。要求更严格的场合，正装是指深色西装套装配欧式衬衫（法式衬衫最佳，英式也可）和领带，加上系带皮鞋（老式三接头最标准），再配搭必需的饰品如金属袖扣、机械手表等。美式西装和衬衫宽松且不讲究剪裁和品质，属于非贵族化的服饰，不属于要求具备品位和档次的正装之列。职场男装的搭配，最主要指标就是颜色及是否合身。另外还要注意主次分明，一般有以领带、西装和衬衫为核心的三种搭配方式。

合身的西服袖口刚好碰到手臂为最理想的位置，衬衫袖口应露出西服袖口 1.5 厘米；手臂自然下垂时，西服长度及拇指第一关节为最佳；在脖子后面衬衫领应露出西服领 1.5 厘米；衬衫领的外边和领尖必须被西服领所覆盖；领带的领结必须正好处在衬衫领两边的正中间并且不滑动；系好领带后，领带尖正好触及皮带；西服长裤前面盖及皮鞋面为最佳，后面离地面 2 厘米。

第二，色彩搭配有玄机。

穿西装很重要的一条原则是“三色原则”。有道是“一身不过三”。有人形象地比喻：三种颜色是正规军，四种颜色是游击队，身上颜色多的不要理他，因为他差劲死了。男人的品位体现在穿衣的理性和逻辑上，色彩杂乱、穿着层次多确实会被认为是一个没逻辑、没力量、不靠谱的男人。

西服套装的颜色为整体形象的主色调，所以衬衫、领带、鞋子、袜子、皮带必须和西服套装的颜色相配，一般绝对不要超过三种颜色，很接近的色彩视为同一种。男士在重要场合穿套装出来的时候，随身的附件包括皮带、皮鞋和公文包，应当保持同一个颜色，并且应该首先黑色。

最显品位的搭配是什么？“三单”搭配，这是目前十分流行色调一致的单色搭配。如深蓝西服＋白衬衫＋栗色领带，让你呈现非常漂亮的外表，如果你想时髦一把，不妨试试同一色调的衬衫和领带。在这种搭配中，领带的颜色应该比衬衫的颜色暗，但它们也可以是完全相同的颜色。一个人如果把三种纯色搭配衣服穿得很好，几乎可确定他是一个对服装很考究的人。

最显权威的配色是对比色的搭配。正式场合，只有白色衬衫搭配深色西服，系上领带，才能营造出强烈的视觉效果，色差越强越能营造出权威感。例如：深蓝色西装＋白色衬衫＋酒红色领带，深蓝色西装＋白色衬衫＋蓝色领带。

最显儒雅的配色是衬衫的颜色与西服颜色同色系的搭配，深蓝色西装＋浅蓝色衬衫＋深蓝色领带，显得比较和谐、得体、儒雅。

西服与领带同色系深浅搭配显得儒雅得体。

最易被接受的配色是“二单一花”，这其中唯一一个有花纹或图案的无论是衬衫、领带或是西服，那么花纹或图案的颜色一定要是其他两种颜色的其中一种。如细条纹西服＋配纯色白色＋淡蓝色衬衫。

也可“二花一单”。当有两种花纹或图案时，必须先区分出图案的强弱和图案的走势。如果穿直条纹西服或衬衫时就要避免使用直纹或横纹的领带，最好用斜纹、圆点或草履虫色等没有方向性的领带比较好。格子西服＋纯色衬衫＋没有方向性图案的领带，或灰色西服＋红色格子形状的领带＋白底灰条纹衬衫，不拘一格中流露着洒脱。搭配条纹领带最重要的一点就是要考虑衬衫的颜色，一定要考虑到颜色之间的搭配。如果你穿一件蓝色的衬衫，应当选择黄色底蓝条纹的领带，因为他们有一个基色的呼应。一般而言，领带上的图案应该比衬衫上的更显眼。有时，可以选择图案都很鲜明的衬衫和领带。但是，千万不要让衬衫上的图案压过领带上的。

常见的错误配色是什么？同类型的图案搭配，例如，格子的西装不要配格子的衬衣和格子的领带。一不小心成了“斑马配”。西服、衬衫、领带颜色不能过于接近，比如全黑、全蓝，都是错误的搭配。如果穿了一件黑色西服＋深色衬衫，那么你的领带一定需要是浅色的。反过来亦然，即要深浅搭配。深色西服＋浅色衬衫＋深色领带，或浅色西服＋深色衬衫＋浅色领带。

第三，角色着装。

最正式的场合，穿什么西装？单排扣西装更适合作为公务套装，单排西装又有两个扣、三个扣，甚至四个扣的区别，其中两粒扣最正式，三粒扣也可以，三粒扣比较古典一些。但是四粒扣、五粒扣或者一粒扣，甚至没有扣的，则具有时装和休闲的性质。而双排扣西装，一般更多地具有时装性质，表现男人的典雅和别致，往往适合于社交场合选择。

如果你所在的行业或公司80％及以上的高管倾向某种风格，你应该紧跟潮流。如果你所在领域的领导们穿着风格各异，你应选择一种会令人喜欢的风格，记住你必须非常谨慎，有些底线不能随便越过。88％的经理们认为，精心打理过的人比那些样子稍显凌乱的人更有能力。同样比例的人认为穿着时尚的人能力欠佳或实力不济，他们最欣赏的风格是相对保守、精心条理、有男人气魄、实力雄厚和比较传统。找到最好的男装店和服务人员的最佳途径，就是询问办公室中穿着最得体的人有什么建议。

一般欧美企业办公环境规范，保持18摄氏度左右恒温——这叫作西装温度，商业金领人士在正式场合永远不要穿深色衬衫。按照国际商业惯例，白色和浅色才是规范。只有艺术人士（如广告界、设计师、演艺界）才可以在正式场合穿着这种深颜色的搭配。对商业社会和中上层社会来说，这是一种不入流的搭配，商业社会拒绝前卫和另类，当然私人好友聚会活动，时尚前卫一把未尝不可。许多金领人士甚至在办公室不穿短袖衬衫。在西方，短袖衬衫是休闲装，只能用于野外度假等纯休闲场合。T 恤更加不用讲，它是特定场合着装，用于高尔夫、马球场等地方，但也可在休闲场合穿着。国内某银行进驻欧洲，按照西方文化要求，中国职员只有在自己的办公桌前才可以脱掉西装，离开自己的空间就必须穿好西装，这是一种高标准的着装规范。

中国服装文化又有自己的特色。为了低碳，政府规定空调温度调至 26 摄氏度左右，除非外交，即使最隆重的场合，领导人也是统一身穿浅色短袖。当然短袖不系领带，这是国际惯例。在国内，房产中介或三四流电视台主持人，才有短袖系领带的打扮。

西装扣子的系法也很重要。西装扣子最后一颗是不扣的。这种传统来自于威尔士王子，他因喜爱美食，每日餐后必定解开背心最下面一粒扣子，随从也跟着学起来，之后"永远不要系上西装最后一粒纽扣"就演变成为穿西装的规矩。美剧 *C. S. I* 犯罪现场中，探员通过受害者身上的西装三粒扣全部系上这一细节，而判断出受害者为他杀，是凶手帮他穿上的西装。对男士而言，坐下来的第一件事是解开扣子，站起来的第一件事是系上扣子。有人把西装穿成"游民"，就是因为穿西服从不系扣子。谨记：全部扣上显得土气，全部不扣显得流气，一个扣一个不扣显得洋气。

7.3 衬衫是男人的“红颜知己”

西装的魅力并不在西装本身，而是与衬衫、领带的绝佳搭配，才能体现其风华。尤其红颜知己随侍在侧，男人才能展现其英雄气概。衬衫既可与西装搭配，也可独立穿着，用其独有的服饰语言表达丰富多彩的情感世界。

时装大师费雷认为：“衬衫是男人体现身份地位的标志，也最能体现自身的个性，但不要穿白色。”因为在欧洲，真正能反映身份的衬衫颜色为嫩黄、粉红和纯蓝三色。但在中国政界，男人们习惯穿白色衬衫或短袖，表达传统和严谨的风格。但在商界，同样的西服衬衫，采用蓝色系或淡雅的彩色面料，品位和档次马上得到了提升。如果一个男人时常穿着这样的衬衫出现在办公室，说明他的能力与品位都是一流的，他可能会有些挑剔，但绝对彬彬有礼且崇尚浪漫。

第一，关注款式。

根据衬衫领子的不同，西装衬衫分为很多类型。配西装的衬衫是什么呢？是方领衬衫、长领衬衫和扣领衬衫。配西装的衬衫一般应选用标准领，长度和敞开的角度均走势平缓的领子，多是商用型衬衫，颜色基本以白为主。暗扣领传统型左右领子上缝有提纽，领带从提纽上穿过。这两种衬衫必须打领带，并打得小些，通常打紧密的小结，目的是要领口显得更加伏贴。温莎领或法式领，俗名敞角领，左右领子的角度在120度至180度之间，不适合打领带。衬衫领口也有走中庸路线的，如长尖领，单穿此类衬衫很休闲，可不打领结，配合礼服出现在正规场合，要系上，帮助你成为嘉宾。立领衬衫一般是时装穿法，或者休闲穿法，配休闲装可以。还有一种翼领衬衫。翼领衬衫，就是领尖翻了一个边过来，配什么呢？配蝴蝶结的，穿燕尾服、穿礼服时用的。如果现在一位男士打了一个蝴蝶结，就是一个典雅的 boy，即服务生；如果穿礼服的话，则是另外一回事。

体型瘦削个头过高，不要在领口处再作文章，特别是杜绝金属纽扣这类装饰品。体型小而发福，选择领型大的衬衫，而尖领、方领会加重你的横向感。高大端庄的人穿衬衫不用选择那种领子上缀有装饰纽扣的衬衫，尽管目前正流行。

第二，读懂衬衫的色彩语言。

深色外套里配白色衬衣，给人一种高度权威的主管形象；浅蓝色衬衫在柔化权威感的同时，给人表达的是和蔼可亲的人情味；淡黄色衬衫给人留下的是诚实感，能增加可信度；灰色衬衫则使着装者高阶层印象和权威感消失殆尽。穿彩色条纹衬衫者，富于活力；穿粗条纹衬衫者，野心勃勃；穿细条纹衬衫者，趣味保守。无论你是何种体型，纯色衬衫尤其是白衬衫毋庸置疑是绝对必需品，搭配任何颜色之西装，都能有压倒性的效果，也容易给人朝气、干净之感，因此，一次购买数件白色衬衫是无罪的。

暖色调衬衫显得热情亲和，粉红、酒红，紫罗兰色，适合职场新人。冷色调衬衫，绿色、蓝色和黑色，给人一种沉着冷静的形象，适用于高层或年龄偏大的男士。如负责沟通的人力资源部职员，粉色衬衫能拉近与同事距离。保险业务员，选择浅灰色能证明你的正直可信。浅蓝色衬衫最上镜头，在电视采访或录像时穿最佳。

第三，竖条纹衬衫显得时尚逻辑。

有着“时尚先生”之称的球星贝克汉姆大爱竖条纹衬衫，常常可看到他穿着竖条纹衬衫的街拍照片，简单的衬衫穿在身上，时尚感十足，既随性又优雅。在衬衫中，竖条纹可以说是最易搭、最能穿出效果、最基本的款式。

最显逻辑感的是细条纹，最安全的条纹尺度，其条纹间的间距小于 1 厘米，并以规则的距离排列，线条宽度极细，有如自动铅笔划过之线条，这种细条纹严谨中透着随性，随性中散发出优雅文气，能体现出人的严谨、沉稳。蓝白搭配显得低调、成熟、高雅，而且蓝白竖条纹衬衫搭配西装时，显得庄重干练又不会感觉过分成熟老气，让成熟的格调变得更年轻时尚。

如果想突出个性，显示领导者的权威，可选择粗条纹，粗条纹有大肆扩张之势，几组粗条纹大刀阔斧下去，将衬衫分割明晰，率性而为，非常有个性。郭富城就是黑白条纹的拥护者，简单的衬衫穿着身上，既张扬而又散发着成熟绅士的味道。大多数人会把穿多色条纹衬衫的人设想为中下阶层。如果不确定你要做什么，那么别碰多色衬衫。

格子衫要慎穿。就如同条纹衬衫一般，格子的面积若是呈微小保守的细格子，视同细条纹衬衫，但若格子的面积甚大，休闲味道便浓厚，此时就不适宜于工作等正式场合穿着，因为无法传达出庄重之感，而在平常假日休闲时刻，倒是很不错的打扮。职场一般不穿花衬衫。休闲时穿花衬衫一定要避免带大量的金银饰品，别人会以为你是一个“土豪金”。

第四，面料要讲究。

高支精纺的纯棉纯毛制品为主，以棉、毛为主要成分的混纺衬衫亦可，绒布、水洗布、化纤、真丝、纯麻的不可。最好穿质地好的长袖衬衣，浅颜色衬衣不要太薄。

注意衬衫与体型的搭配。如果你是虎背熊腰型，那么过于明显的条纹、格子图案就不适合你；如果你是中等型，挺度与厚度较高之布料衬衫，可以和你配合；如果你是下盘稳重或是长脚高个儿型，条纹、格子衬衫跟你很速配；如果你是矮胖型，素色是你唯一的选择。

尽管从衬衫可以读出男性魅力哲理，然而衬衫更多的是在同外套、领带、西裤等衣饰的组装中，才装扮出个性化、多样化形象来的。

衬衫如何与西装搭配？每天换领带代表你的品位和讲究。每天换衬衫意味着你最起码的尊严。衬衫面貌直接影响到西装格调，衬衫袖子、领子多于西装袖子、领子1厘米，一来可以防污，避免西装外套直接触及皮肤，二来从领沿到袖边，以及胸口敞开的V形区域，共同构成鲜明的背景色，看上去优雅洒脱、器宇轩昂。相比较而言，中山装因无色彩对比，显得老气成熟。

衬衫领子与西装领子的贴合程度，是决定穿衣品位的要害。美国宾夕法尼亚大学教授保罗·福塞尔看不惯曾任美国国务卿艾尔·黑格，认为其身上最突出的下层等级标志，是他那总与脖子保持着一段距离的外套衣服，这通常暴露贫民阶层的身份，认为他在着装上如此缺乏品位，哪里够格以高官名流身份到处露脸呢？所以有人把领口视作等级标志加以注意，有人对此毫无察觉。

与西装搭配的衬衫选择色彩单一的白、蓝、灰、棕等，红、粉、紫、绿、黄、橙有失庄重，不可取。图案以无图案为佳，尽量不要穿带有明花、明格的衬衫，其中白色和纯棉的衬衫最为正式。白色的衬衫是最安全的，也是最为国际上所公认的，最为正统的。从着装的礼仪搭配原则方面来说，无论是白领结的长款燕尾服，还是黑领结的小礼服，需要搭配的衬衫并不是我们普通所见到的商务衬衫，而是带法式双叠袖口的衬衫。

黑色西服，配以白色为主的衬衫或浅色衬衫，配灰、蓝、绿等与衬衫色彩协调的领带；灰西服可配灰、绿、黄或砖色领带，淡色衬衫；暗蓝色西服，可以配蓝、胭脂红或橙黄色领带，白色或明亮蓝色的衬衫；蓝色西服，可以配暗蓝、灰、胭脂、黄或砖色领带，粉红、乳黄、银灰或明亮蓝色的衬衫；褐色西服，可以配暗褐、灰、绿或黄色领带，白、灰、银色或明亮的褐色衬衫。

深色西服与白衬衫相搭配，给人以逻辑、力量和权威感。

穿西装配白衬衫必须系领带，这是最正规的穿法。但政界与商界着装，还是有区别的。政界领导人在一些工作场合穿西装、白衬衫而不系领带。但在商界，领导们只穿西装白衬衫而不打领带，会给人一种不修边幅很随便的感觉。而且白衬衫没有花纹，较为单调，让人总觉得少点东西。如果你确实不想打领带的话，可穿一件深色的衬衫，有条纹或格子的为首选，这样就不会让人感觉单调，而且还有瘦身的效果。

7.4 领带展开“V 区”风云

在社交场合，如果男士都身披大同小异的经典战袍——西服，谁要想独显个性风范，除了从胸前的 V 区和鞋包上下功夫之外似乎没有其他更好的办法了。所谓 V 区，就是人们注视的焦点都会集中在你的眼睛以下到胸线以上的区域，男士们通常会通过领带、围巾、项链乃至衬衫领子去营造出 V 区的变化来吸引人们视线。

男人的领带不嫌多，女人的鞋子不嫌多。选择领带的关键是“融得进去，跳得出来”。与西服、衬衫搭配和谐，同时又能准确表露心态和品位，堪称西装的灵魂。

第一，色彩的意蕴。

领带面积虽小，颜色却不容小觑。选择时可将其放在自身衬衫领下，看是否产生和脸一拍即合的效果。同时，领带色彩代表不同的意义和品位，红色系领带，代表喜庆、愉悦、热情、力量；蓝色系领带，代表理性、严谨、安全、持续；灰色系领带，代表宁静、谦逊、高雅、赞美；棕色系领带，代表活力、健康、浪漫、放松；紫色系领带，代表神秘、高贵、孤傲、性感；白色系领带，代表纯粹、坦诚、神圣、洁净；黑色系领带，代表敏锐、冷酷、压抑、热情。国家领导人在国际谈判时，欲达沟通之目的，一般系蓝色领带；表示强势的时候，系红色领带。商界人士系黄色领带以示诚信。

一个男人至少要有两条图案含蓄简单、色彩保守的领带，第一条是蓝色领带，第二条是绛红色，红白喜事，走遍江湖也没问题了。忌用混合三种以上颜色，尤其是色彩过于鲜艳的俗气领带。

近年来，国际上由 Dior Homme 掀起了一股单色细窄领带的流行风，以无彩色为主,符合纤细时尚的中性风潮。单色领带的通用性很高,适合与大部分的衬衫、西装搭配,体现佩戴者成熟干练的气质,在正式场合可以给人以可靠的感觉。《来自星星的你》中的"都教授"的经典造型就是一身黑西装搭配雪白衬衫,黑色细窄领带起画龙点睛的作用。但是单色细窄领带的时尚度相对较高,适合骨骼线条纤细的男士,脸庞宽的男士不宜佩带细长领带。同时,在正式的商务谈判场合不宜过分展现时尚度。

如果更讲究些,领带的选择还有季节性的问题。在春夏季节可以以冷色调为主,暖色调为辅,特别是在炎炎夏日里最好佩戴丝和绸等材质的轻软型的领带,领带结也要打得比较小,给人以清爽感。而在秋冬季里颜色就要以暖色为主了,例如深红色、咖啡色之类的暖色调在视觉上就会让人产生温暖的感觉。

图案会说话。领带图案代表的意义和品位:斜纹、小格子、几何、小圆点等图案代表职业风格;排列整齐有规则的斜纹、几何、小格子图案具有严谨风格;花纹、涡旋纹、水点、水波纹等图案代表浪漫风格;动物、高科技、抽象、不规则的图案属于前卫风格;风景、俱乐部、植物、不规则的图案是休闲风格;而单色领带代表高贵和典雅。

商务人士用的大多是代表职业风格和严谨风格的领带。单色领带也是最常见最实用的一种款式。一条单色的领带,能够与任何款式的西装或衬衫搭配。波尔卡圆点(深蓝色底白圆点),点越小,越精致而时髦。棱纹图案,一般是深色的,如传统美国商务人士戴的佩斯利螺旋花纹呢领带是中上阶层的便装领带,旅行适宜。一般不戴紫色、黑色(除非葬礼)领带,不戴花哨、大图案和粗糙的领带。

单色的搭配因其简便、适应范围广而受到欢迎,如灰色西装搭配浅蓝色或暗红色的领带;一套昂贵的、做工及质料上乘的西装,配以单色领带,更能强调华美的质料与精巧的剪裁,完全予人一种整体美。如果年龄不过三十,最好还是选择深色的纯色更为合适,因为无图案纯色领带更能显现深沉稳重的不凡气质。

根据自己的脸形条件来选择领带的图案,例如直线类搭配轮廓分明的骨感脸形,因而斜条纹、方格就再适合不过了,而为脸部线条较为柔和者配一条略带曲线图案的领带则更为恰当。

第二,鉴定领带品质。

一条好领带不但要"看起来"好看,更要"打起来"好看。要使打出来的领带好看,不但质料要对、厚薄要对、做工也要对。一看质料。纯丝是领带最

领带与有色衬衫搭配,领带颜色要“融得进去,跳得出来”。

好的质料,它光泽亮丽但又不至于太滑。同时不要挑到太厚或太薄的布料,厚的领带打起来结会很大;过薄则难以成形。二看做工,领带背面的中间缝合线,如是手工缝线能给予领带最多的弹性和回复力,高级的领带是在浮线上再做绕线缝成棒状。高级的领带外里也应该是丝的。三看领带的环圈。高级领带的环圈是领带本布做成的,并且头尾两端很安全地固定在中间缝线里。

第三,宽度适宜。

体胖的男士适合宽领带,瘦骨清风的男士可以尝试窄的领带。另外领带的宽窄也要搭配西装的领子,宽西装配宽领带,反之则配窄领带。重要的是,领带的宽度永远不要比西装领宽。若没时间仔细搭配,选择宽度 8.5—10 厘米的领带准没错。

领带的选择要适合自己的外形特征。个子矮,适合细条领带、斜纹印花。个子高的其实是通吃型,不过素色的、纯色的、单一简单的更好。胖的男士不要尝试细领带,会反衬得你更粗壮,宽的最好。清瘦特别是脖子长的,比较适合大花型领带。肤色红白水润的,选择素色为主,质地以丝绸的最好,肤色较偏黑的男士可以用明亮的领带颜色遮一下瑕疵等。

如何系领带?很多男士衣柜里领带不少,但是要穿起西装来,却为怎样搭配衬衣和领带大伤脑筋。

穿西服不系领带,是不够正式的,不适宜出席正式场合。领带结应与衬衫领子的大小相协调;一条系结正确的领带,它的末端应该与皮带环的下沿相平,不应过长或过短。领带较宽一端的后面一般有一个环带,应将领带窄的一端放进去,使领带这一头不致从后面露出来。

西服七分在做，三分在穿。西装的选择和搭配彰显一个男人的着装品位。高贵深灰色斜条纹领带搭配银灰色西装，显得高贵、沉静而又充满朝气。

如果你系领带的话，领带尖可千万不要触到皮带扣上！一身漂亮的西服和领带会使一个男人看上去非常时髦，而一套好的西装却不系领带，会使他看着更时髦。

西方的政治家们甚至用领带来“拴住”选票。但也有极高地位的人可以超越它，不系领带。而一般情况下，它是区分中产阶级和平民阶层的重要标记。面试的时候打领带比较容易得到工作。属于上层的领带图案有：条纹、小圆点特别是深色底衬白色圆点、变形虫斑点等。如小游艇、信号、乐符等背景式领带，则属于中产阶级或中上阶层中地位不稳的人。等级越是低，领带上就越有可能出现文字。一种用毛线或者皮革条织成的流星锤领带虽然价格不菲，却是等级不高的。再往下的等级是那些从来不打领带或者只有一条领带的人，他们其实也并不喜欢领带。

7.5 配饰表达个性和实力

一个讲究生活品位的职场精英，身上的行头绝不亚于一个时尚的金领女性。职场精英的生活品味，不再是一件名牌服装可以包揽的。男士“三大宝”：皮带、皮鞋、公文包。此外，还有手机、手表、名片夹、钥匙包、眼镜等。

配饰的基本原则是越少越好。太多或错误的首饰被认为女人气或浮华。唯一完全被接受的戒指是婚戒。男人脖子上应该戴的唯一东西是领带，不应戴珠子、链子等，否则就去显得不够庄重和正式。

皮带、皮鞋和公文包，颜色要相称。

皮带体现男人的身份。皮带虽小，却是精湛工艺的体现，所以男士的腰带从某种意义上也体现了男人的身份和品位。正式场合，穿着笔挺的西服时，腰带的花色应和皮鞋保持一致。同时，皮带潮流的变化，很大程度上是由钩扣引起的。纯金钩扣时常同高贵、优雅一类的词联系在一起，其造型、大小也表现出男人的魅力。皮带上不能携挂过多的物品，其长度应保持尾端介于第一和第二裤绊之间，宽窄应保持在3厘米。太窄会失去男性阳刚之气；太宽只适合于休闲、牛仔风格的装束。男士腰带在选择上，要注意和鞋的质料和颜色一致。

皮鞋体现男人的品位。男人看女人，从头看到脚；女人看男人，从脚看到头。看一眼你的皮鞋，就能做出如下推论：一双名牌皮鞋显示出你的经济条件；破鞋不擦者，此人不爱整洁；永远不要把钱交给穿破鞋的人等。穿西服上班的男士需准备两到三双皮鞋，两双黑色，一双深栗色。闪亮、优质的鞋，意味着杰出、优秀、可信的品格和人格。男士穿西服时尽量选择搭配样式简单的黑色优质牛皮鞋，而不宜穿磨砂皮或翻毛等材料的皮鞋。袜子要与裤子同色，男人只能穿蓝、灰袜子或黑袜子，白袜子只能在运动时穿。袜子应该搭配鞋子或西装、西裤的颜色。请选择天然纤维如毛绵、丝等，天然纤维吸汗、透气、舒适。袜子要够长，应选择长及小腿肚的袜子，避免有时坐下时袜子太短露出腿毛。

穿上西装时，要注意搭配合适的鞋子。职场男性至少应该拥有一双棕色和一双黑色的系带商务正装鞋。

公文包能承载你的成就。美国有一位黑人部长，每次在南部旅行，都带一个优雅昂贵的公文包，他解释：没有它，我只是一个普通黑人；有了它，我就是一个黑人绅士。不难设想，职场人士如果没有一只得体的公文包，他手上的东西再有价值也会显得琐碎。而且其身份往往也会令人质疑。相反，一只独具品位的公文包，总能给人一种沉甸甸的分量。最标准的公文包，是手提式的长方形公文包。一般公文包的大小以放下 A4 大小文件为标准。公文包皮质，最好是深色的，朴素简单实用，没有装饰和过分炫耀的金属。IT 界、新闻媒体界的个性人士喜欢选择时尚公文包，这种包扁扁大大，放一台手提电脑还绰绰有余，但它很轻便，里面有许多隔层，可以将资料、名笔、名片、手机、私密性的物件放得妥妥帖帖，让你做个有条有理的职场精英。

手表是全身表达理性的唯一配饰。讲求工作效率的男人腕上不可无表，这是男人品位与身份的象征，也是男人为数不多的可以用来奢侈一把的机会之一。男人天性喜欢机械，手表当然首选厚重坚固的机械表，清脆的走时声、精美的表型和手工，无处不透露着男性经理人成熟与稳重的魅力。表面非金即银，就是这么简单！表带可以是皮质，也可以是金属。手表的厚重实际上是男人野性的体现，这种吸引力是不可抗拒的。

眼镜能凸显你的气质。眼镜可以恰到好处地衬托出您的气质。比如，一副质地上乘制作精良的眼镜，适合白领贵族，能显出您儒雅高贵的气质；一副款式大方的眼镜足以让您给人留下知识渊博的印象；而近年流行的太阳镜，则别有一番情趣，是城市“酷男”的首选。

香水能保持健康味道。男女间相恋相爱，叫“气味相投”，不仅是精神层面的，也是指生理层面的，两人身上的气味越相似越相爱。所以有首歌词：“想念你的笑，想念你的外套，想念你白色袜子和你身上的味道……”许多男士不太注意自身的气味，经常身上刺鼻的烟酒味和汗水味，试想有哪位女士会勇敢地与这样的“臭”男人亲近呢？“臭”味相投的人毕竟极少。其实，作为健康的正常男士，其身体都会具有本身的生理气味。保持健康的生理气味，还可选择正确的男士香水，如古龙水，这样的男士才是“别具味道”的。

美发要“型”才有“款”。头发是飘扬在我们头上的一面旗帜，头发不精神，人就显得萎靡。发型在一个男士的整体形象中有着举足轻重的地位，发

腕上手表，是男性表达理性和实力的重要工具。

型是一个男士品位和个性的集中体现。无论选择什么发型，最重要的就是要与自身的气质和个性相吻合，同时与脸型、服饰、职业等因素相配合，这样才能突出和谐而统一的整体效果，充分体现精英人士的生活品味。当然，无论你选择什么样的发型，经常清洗、修剪、护发是必不可少的重要环节，否则你的发型就不会有“型”有“款”。

8 穿出职场伦理

当今是讴歌个性的时代，男士着装并没有严格的标准，但并非完全没有“游戏规则”。事实上，在竞争日益激烈的工作环境中，恰当的着装比任何时期都显得重要。职业男士成功的方程式：努力+得体着装=成功。商场如战场，你的工作装就是你的“铠甲”，表面看着都是些衣服的事，某种程度上也能和战场上的生死攸关相提并论。卖相好不好第一时间能决定你是否有吸金的人气和成功的希望。如果想攀上事业的高峰，就必须用一种特有的方式包装自己。职场着装的目标，永远不是看起来很帅、很有型，而是认清自我角色，遵从本职业主流形象进行着装，用实际行为，让对方感知你重视他、尊重他，且值得信赖。

> > > > > > >

8.1 人在“江湖”，衣不由己

职场着装，深受企业文化氛围的影响。在老牌IT公司工作，个个都着正装，衬衫、西服、西裤、皮鞋和领带，一样也不能少。而在GOOGLE公司工作，员工着装随意。粉色T恤，破洞猫须牛仔裤，亮色板鞋，只要舒服随意，不过于出格就可以。如果在证券行业工作，绿色服装是绝对不能穿的，因为象征股市大跌，这是证券公司潜规则。真是人在“江湖”，衣不由己。

什么是江湖？

自古有言：有云的地方就有天，有天的地方就有人，有人的地方就有江湖。金庸笔下的江湖儿女们特立独行，纵横于世，因为他们皆有绝世武功：独孤求败有独孤九剑，杨过有黯然销魂掌，欧阳锋有蛤蟆功，岂是平常人等可以学习的？你我凡人，既然没有“绝世武功”，若要特立独行，没等出头，早已被人灭了。但商界高人在遵循职场着装规范的同时，根据自身的条件打造专属于自己的风格标签。

许多职场中人，穿得不对，未必是因为完全不懂职场着装的常识，而可能是脑子里塞满了似是而非的“知识”，觉得琢磨职场着装完全没必要，骄傲地做着快乐的“屌丝”。

小金在一家传统行业的公司工作，已有三年多时间，穿着还是像刚从学校毕业的年轻人一样潇洒随意，欣赏周杰伦、谢霆锋的锐利个性。觉得穿衣为自己个人的事，想咋样就咋样，怎么舒服怎么穿。天天穿球鞋和牛仔裤上班，偶尔穿西装也是搭配球鞋，觉得这样才够时尚新潮。只是如此一来，回想不起上次加薪是什么时间，也好久没有在部门会议上有机会说话超过五分钟——不知不觉，自己已被视为另类而边缘化。

先不说到底要到哪一级大神的地位，才可以任何时候都穿T恤牛仔出现，而让大家却不觉得失礼。一定要清楚的真相是，商界着装的目标，永远不是看起来很帅、很酷、很有型——那是明星导演们的职责。例如周星驰，在动漫节开幕式上，人家个个西装革履，唯他穿一件白T恤，一件黑色休闲西装加肥大的西裤，脚踩一双纽巴伦的灰白球鞋。只是大家不要忘了，周星驰是有“功夫”的。演艺界穿衣向来以新潮另类为时尚，明星和导演们皆有个人招牌式的形象和气质，穿什么衣服，走什么路线，都是经过考量的。周星驰向来不走寻常路，从最底层奋斗至耀眼明星和导演，在演艺界这个“江湖”里独往独来独树一帜。而没“功夫”的普通人如果一味地效仿，那是很不明智的。因为人们只愿意接受顶级人物打破常规，如果你还没有到那个地位，最好还是规矩一点好。毕竟，明星是明星，平凡人想走红也未必要靠奇装异服来博得眼球。穿得不得当，讲得好听点是“非主流”，讲得难听点是“土人”。待到有足够的功力，随心所欲甚至创造时尚也不迟。高衣商的成功人士在满足场合、角色着装的同时，再考虑自己的个性、品位和审美趣味。

身处职场，首先要让人觉得你懂得尊重他人。而规范的着装，或者说得再精确些，遵从本职业主流形象的着装，就是在职业生涯中，用实际行为，让对方感到你重视他、尊重他，且值得信赖。

没有放之四海而皆准的制胜着装，着装必须根据地区的不同和公司的不同而变化，一个真正久经世故的商人，必然是一个懂得如何调整行为以适应环境的人。卡耐基认为，成功就是25%的专业技能加75%的专业形象。努力＋得体着装，就是一个职业男士成功的方程式。

同处职场，每一行皆有潜规则。与其说职业穿着打扮能反映人的心情，透露人的个性，倒不如说，职业的需求与个人的生活习惯才真正主宰了人的外在。三百六十行就有三百六十种穿法，穿着的得体，其实来自于自我认知的正确。保险一点的做法是，遵从“TPO”原则吧，时间、地点、场合，一个都不能少。该穿正装时逃不了，嬉皮玩闹之时就拿出你的休闲西装、牛仔裤、白球鞋，上演混搭潮风吧。

8.2 穿出你的角色

第一，职业有别。

你是一个什么样的人，就穿成什么样。你必须穿得和这个领域相关。在你打扮得像你那个领域的人之后，你必须还要表现得在该领域很成功。如果你是股票经纪人，你最好穿着相对保守。如果你是一个电视综艺节目的主持人，打扮时尚和前卫引领潮流是你的职责。而教师就应该穿得像教师，透过着装可以让学生感知得到你的气质、品位和修养。美是一个熏陶过程，教师形象就是教学环境。穿得像卖菜的大叔，既不敬业，也不自重，很难想象能够取得良好的教学效果。

千万不要觉得，穿上衬衫和成套西装，就是职业着装了。如果忽略与职业的契合度，显然很亏。所谓职业着装，就是要想清楚你从事的职业，到底需要什么。金融业、律师、记者、广告从业人员等，显然就不应该是同一种风格。

在欧美商界，最讲究穿着的主要是银行金融、投资界人士。在这种代表财富的行业里，如果着装没有品位、档次，交际时就不能正确地传达身份信息。银行业职员不走时尚这条路，一般喜欢在白衬衫外套上单排扣的藏青色或灰色套装，再配上带小花纹等比较朴素的领带。银行业的男士着装几乎没有年龄上的差异，颜色、款式都差不多，显得稳重正统。但职位上的高低会使他们的着装有较大的差别。深色西装、法式衬衫，以及名表、名笔等几乎是金融界高端人士的基本装束。一位行长指着自己价格不菲的新皮鞋半开玩笑半当真地说：只买贵的，不买对的。

律师着装正统严谨，老成持重，为的是给人一种信誉和信心感。所着西

教师形象是最重要的教学环境。如果《来自星星的你》中时尚有型的“都教授”上课，学生到课率应该很高。

装大都为藏青色和套装，单排钮，而且必经熨烫，保持折痕清晰，给人整洁有礼的感觉。老派的律师多选英国款式，三件头一起上身，不会随时尚变化而变，因为他们觉得派头最重要。年轻的名律师则比较注重品牌，讲究面料和做工，有一份成功感。律师多选白色衬衫，名牌领带，这是有信誉的象征。鞋子是考究的黑皮鞋，显得稳重有型。随着时尚的流行，年轻律师的着装有了一些变化。近几年比较多的是穿蓝色衬衫。据说蓝色能使自己保持一份好心情。同时他们对服装的质地和品牌更为注重，其着装渐渐趋向时尚。

广告从业人员是时髦一族，对时尚潮流的信息最敏感，也有条件购置那些流行服装，可以去品牌专卖店或出差国外时购买。所以，他们讲究的是品牌、款式、质地和做工，讲究舒适感、贴体感和细节感，可以显示他们的精致和高雅。其西装偏向时尚，通常上装和裤子分开搭配，可以穿出另一种味道。

其实，同属一行业，分工不同，穿着上也有不少的区别。以新闻从业人员为例，电视台里出镜人员和导演喜欢蓝色、暖色调搭配着穿；现场工作人员肯定不系领带；而做广告与销售的，都规规矩矩地穿西装；制作人员就比较自由，牛仔、夹克、花衬衣等，一副艺术家的做派，当然品牌还是要讲究的。

总之，大体而言，从事智慧型工作的人，靠谈吐和内涵在职场上获胜，在衣着上，得体而有质感；媒体制作与设计，属创意型行业，衣着轻松舒适，新潮时尚；从事营销工作，因为经常要面对客户，所以穿出整洁与品位是王道。

第二，职位有别。

董事长要像董事长，总经理要像总经理，员工要像员工。干什么像什么，还要搞清楚，在场合中，你是主角就穿得像主角，你是配角，穿得像配角，不要去抢了主角的风头，着装符合身份是很重要的。

在重要的场合，有些成功人士在选择套装时，会考虑如登喜路、杰尼亚、阿玛尼、范思哲、伊夫圣洛朗、费雷等一线品牌。当然，他选的这个品牌是跟他的身份相吻合的。

当然，我们也可以适当地穿得比我们现在的身份高一些。人靠衣衫马靠鞍，穿着比你身处的地位高，再配合比你职位高的能力，才能让老板发现低估了你，很可能升职机会更多些。

人们往往先敬罗衣后敬人。服装象征着男人的社会地位和社交语言的符号。不信请看《泰坦尼克号》，杰克穿上贵族胖夫人借给他的礼服就在富人们的交际场合畅行无阻，那套礼服就是入场券和门票呢，而后来他脱下礼服再要进入的时候却被门卫阻挡了。

凡事有“度”，过犹不及。职场着装，讲究品质感，但并不是拼价钱最贵，认为狠狠砸几件名牌天价货就有品质和气质的想法未免天真。古驰(GUCCI)、范思哲(Versace)等一线品牌西服，真适合普通阶层的你吗？想想你的职场形象，要的是不是这种香艳的昂贵？职场着装的目标，绝不是“一看就是名牌，果然像个有钱人”。打肿脸充胖子，钱包能支撑多“肿”且不说，只怕勉强充出来的效果，不但不能帮助你赢得职场机会，反而减分。着装风格随着地位、年龄的变化而变化。顶级品牌买得起还要撑得住。相得益彰的衣服才是真正属于你的衣服。

如果你是一个副手，如秘书、助理阶层，上班时穿得过于光鲜，夺去老板的风采，反而弄巧成拙。刚入职场不久的职场新人，应该避免法式翻袖衬衫加袖扣的穿法，否则恐怕会面临把主管“比下去”的尴尬。

职场就是江湖，江湖中有等级，有伦理，有老大。在电影电视里，我们常看到，在一班大臣的前呼后拥中，穿得最鲜艳光亮走在人群中一眼被认出的一定是皇帝。这是一个权谋的世界，任何知道如何进行游戏的人，总会胜出。一流的经理人团队深谙此道。因此不仅会对语言方面做出计划，同时对成员的视觉形象也有设计。所有经理成员像谈判小组一样着装，这样每个团队成员在视觉上完全符合他的角色。光看昂贵高雅的衣服，团队中的老大就应该立刻可以被识别为领袖。处在第二位的人，通常是发言人，应该看上去像老二，但是视觉上应该与老大有某种联系，这样没人搞错为谁代言。

政界伦理表现得尤为明显。在上海的 APEC 会议上，尽管大家穿着款式一模一样的唐装，中国国家主席穿的是会议中唯一的大红色唐装，香港特首一袭朱红色的唐装，美国总统布什穿宝蓝色唐装。合影时，主角配角关系相当明确，而服装色彩之间的联系又很有玄机。

当然，该高调的时候，拒绝低调。如果你应邀做报告或演讲，在台上，你就是主角。许多人认为演讲的内容是制胜法宝，而不是他们的形象，事实恰好相反。肯尼迪和尼克松就是典型的例子，尼克松赢得了语言的辩论，而肯尼迪赢得了非语言的辩论，最后肯尼迪胜出。因为人们更相信他们所看到的而不是他们所听到的。

演讲者对观众所做的最先也是最重要的陈述是非语言形式，最重要的是要穿得符合观众预期。如果你是公司总裁，穿得就要像总裁。穿得不合适将在最初三分钟失去观众。人多的场合，最应让观众看清演讲者的脸，要有强大的个人气场，唯有纯色深蓝西服配白衬衫，系蓝色或栗色领带，强对比才能产生权威感和信任感。忌穿咖啡色西服和图案花哨的衣服。基本上，因黄皮肤的关系，穿咖啡色的西服会让男人的脸与衣服混在一起，“找”不到自己的脸。而且因杂色关系，咖啡色西服不能产生权威感，所以国际上最隆重的场合，一律不用咖啡色西服，咖啡色西服在西方甚至被认为是中下阶层的标志。也不要穿图案花哨的衣服。某一部分观众比其余观众眨眼次数多了 3—4 倍，原因是一定距离处花哨图案会影响观众。而且一般不在讲台上穿三件套。深色西装配白色衬衫可以让演讲者的身材显得高大些，而如果穿马甲，只有很小一部分衬衫露在外面，演讲者看上去身材矮小。

信息社会，越来越多的社会精英有机会走上电视媒体与公众交流。上电视意味着着装要规范的同时，还要让外表适应媒体的口味。但我看到有政界人士系粉红色的领带，企业家们西装里面搭配羊绒衫，教育工作者短袖衬衫系领带等，都是没有理清衣冠问题。当今真正上镜的专家是一流的政治家们。他们深知媒体的力量，会在上镜前检查将要在摄像机前穿着的衣服衬衫和领带。

那么，上电视最佳着装是什么?

穿纯色的西服，如藏青色或中蓝色西服配白衬衫，或蓝衬衫配保守的领带等。在电视上永远不应该穿条纹衣服。除非照明相当完美，否则条纹套装会和衬衫混在一起。忌穿灰色衬衫和戴图案很小的领带。因为电视很大部分观众是女人，女人对看上去的过于拘谨传统的男人很厌烦。上电视的男人发型必须是整洁、时尚的。女人如果认为这个男人穿得不得体，就会进一步推断：既然他不知道该如何穿衣服，那么他很可能也不知道该如何做好其他事情。女人能从小处见大，动辄“上纲上线”是其本能。

第三，根据交往对象随机调整穿着。

所有规则都应该在个人面对的具体环境中具体分析，并随机调整。你是什么样的人不重要，重要的是你可以装扮成对方期待的样子。

选择恰当的着装，是一种人生和处世的智慧。尤其是在政界，着装实在是有太深的玄机。两国领导人会晤，其穿衣风格释放的是两国政治地位、关系是否对等和友好等政治信息。2012 年 6 月习近平访问美国，他与奥巴马见面时，两人不约而同，都身着深蓝西装搭配白衬衫，不系领带，而在庄园中的见面，两人同时穿着白衬衫一起散步。个中奥妙，通过穿着，尽在不言中。

在工作和生活中，人们常常通过穿衣打扮，判断是否是“同道中人”。为了取得良好的沟通效果，我们可以装扮成“同道中人”。我到政府机关做形象管理方面的培训，一般会穿传统有品质感的深色服装，以显稳重权威；而与企业高管做沟通方面的训练时，一般会穿着上品的品牌套装，以示品质感；而在教育界、新闻界做培训时，注重服装色彩搭配，以彰显个性气质。

如今是“圈子”社会。人们普遍认同与自己同属一个阶层的人。如中上阶层的着装吸引中上阶层顾客，而中性的着装吸引中性顾客，这是属于任何阶层且可以承受得起你服务的人。典型的中性着装包含一件深蓝的纯色西装、白衬衫与任何保守的领带。年轻人谈生意，如果客户年纪比自己大很多，这时穿一身深色暗条纹的西装，浅蓝色的衬衫，身上完全没有具备时尚感的东西，更易获得信任。如果来自小城镇的你在一个更为发达的区域推销，你必须确保不要穿让你被认为是乡巴佬的衣服。明亮的颜色和图案标志着穿着者住在城市外面，甚至是乡巴佬。并且传递的信息是此人无能或不老练。同样，如果你住在一个东南沿海发达地区，希望在一个不那么发达的西部地区做生意，最好不要看上去穿得好像比你向其推销或与其做生意的人更好。然而，如果你作为金融专家，去说服别人如何在证券市场如何赚钱，那么你看上去应该完全像成功的金融业人士。

小李是一位靠锐意进取自我奋斗成功的年轻人，在穿着上同样体现其人生智慧。在平时工作的时候，他都会选择把自己包裹在古板的商务套装中，因为平时上班都是跟比他年纪大的人谈生意，正装会让他看起来成熟一点，在谈生意的时候让对方放心。即便是休闲装，他也会穿 Armani 这样成熟稳重、上一辈人认可的品牌，当他穿上 Armani 的时候，他们会觉得这个年轻人是跟他们同一类的人。而平常真正休闲的时候，他才会穿上很有设计感，能彰显自己个性的品牌衣服。

有经验的职业经理人，面见董事长，穿深色西服以示正式；接见一般员工，为表亲和力，一般会穿浅一些的颜色，对比度不强烈，使形象显得柔和些；和大公司经理见面，穿得和交往对象相当；而与小公司经理见面，形象稍显柔和，穿得明亮些，也会系带螺旋花纹呢的领带。

8.3 打造独特的风格标签

在当今这个日新月异的时代，男人们在职场遵循规范着装的同时，根据自己的气质、身材和个性，像一只只“变色龙”那般，根据场合，随时变换着自己的外观。

第一，“好色”让你更精神。

男性不像女性，可以借助于化妆和染发来修饰自己的容貌。当你穿着某种颜色的衣服，靠近脸部的颜色会向上反光，要么让你的脸面看起来更光鲜，要么就会投下阴影，让你看起来显得疲惫、病恹恹或者苍老。穿着合适的衣服，会让你的皮肤显得健康、光洁，让你的眼睛炯炯有神，塑造出一个更加生机勃勃的你。

很多男性以为自己的服装搭配要简单得多，其实要成为神采奕奕的男士，就一定需要知道自己究竟适合什么样的色彩，让自己身体的色彩特征与衣着的色群相一致。

首先要了解自己的肤色。人人都有适合自己的一种主色调，确定哪一种主色调，就意味着你可以确定你的衣柜中最为理想的色彩。

中国男性大致可分为四种肤色，深色型、浅色型、明净型和暗色型。根据自己的主色调来平衡这些与服装之间的色彩关系。

深色型的男士，外表强壮硬朗。深褐或黑色头发深色眼睛。着装要有力度，或对照感。一袭深色或对比强烈的色彩搭配更能显得健康、有生气。但靠近脸部的服饰要避免单一的淡色调。

浅色型的男士，面孔白皙，浅色头发和眼睛，靠近脸部的服饰颜色应浅色，着正装时避免太深颜色，而应选择不太深的灰色或较浅的藏青色。着便装时,可以穿任何一种颜色,但最好只是裤子和外套选择深色调。勿同时穿两种深颜色的服饰,如果选择一种较深的颜色,那么靠近脸部的服饰就一定搭配浅颜色、单一色或夹灰色条纹的西装,会令你显得优雅,炭色、浅蓝色、灰色以及褐色系列都是可选的。

明净型的男士,本身色调对比很强烈,深色毛发白皙皮肤,这种男士适合色彩鲜艳、色调丰富的衣服。对比鲜艳的颜色,外套和裤子颜色越深,衬衫颜色越浅越亮,只穿一色,颜色要分明和纯净。

暗色型的男士,比较缺乏特征,头发、眼睛、肤色都比较中庸,不大起眼,但选择中暗色服饰可以体现出优雅气度。可试试中性一些的色调以及带有同色斑点的西装,炭灰色、浅藏蓝、灰绿、灰褐色、炭蓝绿等都可以。由于中国人脸色偏黄,在选择颜色时应少选黄色、绿色、紫色,可选择深蓝色系列,深灰暖性色系、中性色等。

时光流转,随着年龄增长,你也许会清醒地发现自己的主色调也随之变化。即使是鬓间银发渐生,大多数男士也并不会选择染发来应对这些白发,这时你也许需要在靠近脸部的位置搭配一些冷色调颜色的服饰。

第二,打造自己的个人风格。

一个人的着装风格与个人的气质特点、身材特点紧密相连。每个人都会穿出属于自己的个性风格。

浪漫型男人:典型特点是身材比例匀称、标致的五官,特别是眼神,性感温柔,迷死人不偿命。若是男明星,往往会成为少女、师奶的“杀手”,费翔、梁朝伟、唐国强此类人是也。他们散发出成熟、华丽、性感、大气、夸张的气质,兼具迷人、柔和、书生气的儒雅气质,所以穿柔、软的衣服很显气质。毛泽东主席年轻时长得儒雅,有文化,柔和,富贵相。他穿睡衣可能比穿军装要好看。浪漫型男人非常适合感觉柔和与清晰的色彩,也可以驾驭较艳的色彩,面料要有光泽感、华丽感,如果穿灰色,要有光泽。不系领带而改系丝巾的他会显得更加浪漫与深情。不论衣服还是领带、丝巾等饰品都不能有生硬感觉。下图为周润发在《上海滩》中经典造型。

经典型男人:体型匀称、五官端正、目光柔和,给人以成熟、稳重、端正、严谨、精致的感觉,电视台新闻联播的主播大多是属于此类人。他们适合传统的西装色彩,在服装色彩搭配上适合渐变或深浅不同的同色系搭配,只有稳重不张扬的搭配,才能体现他们精明能干的气质。他们是一群中规中矩的

浪漫型男人有一种成熟、性感、大气兼具儒雅气质。精致、华丽的穿着更显浪漫、深情。

人，领带图案整齐而不凌乱。也是最能将西装穿出高级感的人。

时尚型男人：拥有棱角分明的脸部、浓重的眉发和敏锐的目光。这类容易引人注目的男士比较适合纯正色调的服装。在搭配上，强烈对比、光泽感强的服饰最能体现这类男士的“酷”感。混合色调的服装会让魅力大打折扣。如潮男贝克汉姆、周杰伦等，帅气、酷感，往往引领时代风尚。

自然型男人：其特点是运动型身材、沉稳的目光、外表极具亲和力，初次见面就会让人觉得很随和。中国大部分男人属于此类型。如崔永元等，正式场合，穿唐装和其他中式服装觉得很自然。他们喜欢无拘无束的生活，“随意”在他们身上是一种时尚，穿成熟有厚度的色彩的服装最为相称。他们是男版的刘若英，有种清新自然、亲切朴实的气质，喜欢棉质感服饰和自然色即大地色的色彩。

阳光型男人：体型匀称，五官清秀，目光明净，给人以阳光帅气和年轻的感觉。四十多岁，穿二三十岁的衣服更适合，如何炅、庾澄庆。在“中国好声音”评委中，刘欢长得像“老大”，其实庾澄庆年纪比他大，庾澄庆甚至比小他10岁的杨坤还要显得更年轻和活力四射。阳光型男人适合浅淡明净的色彩，高级灰的西服、纯白的衬衫等。着装搭配以和谐为最美。但是这种和谐并不单纯只是衣装的和谐，只有本人的气质与衣装相一致的时候，才可能真正成为在阳光灿烂的人。

穿衣是一种智慧，也是一种乐趣，男人们的穿衣风格可以丰富多彩，又岂能被体型特征所框定？在不同的场合，每个人都可以演绎属于自己的时尚、浪漫、自然或经典风格。

与客户开会，如何用穿着演绎经典风格？简洁、整齐是衣着的第一要旨，这一点对男人来说尤其重要。没有一个人会愿意和一个衣着邋遢的男人打交道。此外，衣服的质地对男人同样重要，一套质地优良的西服与一套质地低劣的西服的分别是很明显的。文具、名片夹之类的配件最好选择出名的品牌，万宝龙就是不错的选择。

即使你是公司的老板，一般也不要穿印花的衬衣。平时上班不要连续三天穿同一双皮鞋，三天之内你的西服、衬衣、领带不要重复出现。

在咖啡馆与“她”约会，如何体现健康阳光风格？

这是一个需要精心修饰自己的时候，但不要穿得过于正式或过于漂亮。同样，保持自己的风格最重要。根据不同的约会地点，相应对衣着有所改动。

如果约会地点是高级咖啡馆，你不妨穿得讲究一点，例如丝缎质地的衬衣、正装的皮鞋等。如果约会的地点是一般的咖啡馆，可以穿得较为随和，印花衬衣是不错的选择，可以搭配休闲裤，但印花不要过于怪异。牛仔裤也是可以考虑的，因为它已经越来越走上大雅之堂了。不妨喷上一点清淡的男士香水。但不要穿整套的西服，这样会吓坏对方，因为这不是相亲。

豪华餐厅，出席晚宴，如何打造时尚范儿？

隆重的场合自然也要穿得隆重、正式一点。一般说来，西服要上品，有设计感。如果只是一般的晚宴，你只需穿一套合体的西服就足够了。如果再隆重一点的话，可以在胸袋里塞入袋巾，当一个风度翩翩的英国绅士。最保险的当然是一套纯黑色的西服搭配纯白色的衬衣，只要晚宴不是过于隆重的话，无须系领带，将领口松开一粒扣子就行了。如果你对自己有足够的自信，可以大胆地穿上纯白色的西服，这会让你很抢眼。

近年来，随着中国经济的崛起，“新中装”在国际时尚舞台上大放异彩，它运用中国经典的立领、对开襟款式，挺括的面料，靛蓝、深紫红、金棕等厚重大方的传统色调，中西结合的剪裁，用现代国际语言表达优雅、内敛的东方气质，折射出中国繁盛的衣冠文化和中西合璧的璀璨之光。下图为中国高端时尚品牌 NE. TIGER 的古典休闲正装。

无衣冠无以谈文明。在一切正式场合，只有西式服装一种表达形式，岂不显得“无趣”？“新中装”用国际语言自信地表达优雅、内敛的东方气质。

参加朋友的派对，如何打造新潮个性？

紧身的衣衫永远都是你的第一选择。这些服装会令你显得性感非常，亦成为女人目光的追随焦点。当然，前提是身材要棒。此外，一些高品位的配饰将必不可少。夸张抢眼的衣服值得推荐，人声嘈杂的夜场，是你可以释放自己的空间。你可以刻意将自己打扮得更漂亮一点，也可以喷上香味浓郁的香水。牛仔裤再衬上质地优良的丝绸上衣，具有致命的吸引力；短小精干的皮夹克是很好的选择，再衬上一双皮靴，让你型格十足。诸如项链、手链、戒指之类的配饰该是出场的时候了，手工一定要考究，否则会令你与前卫少年无异。但绝对不要穿西服提着公文包出现，否则你会发现自己去错了地方。

与同学郊游，如何体现自然风格？

来到自然的环境，服装风格也从正式转向休闲。服装质地以自然面料为主，如棉、麻等，但不要太软太皱。做工必须考究细节。款式以时尚、个性、舒适为主，色彩可以选择自己喜爱的色调。轻松的上衣加休闲裤，是最舒服的打扮。如果郊外风大的话，再添一件卡其色的风衣就足够了。当然，你还可以喷上自己心爱的清新型香水。如今流行的花花衬衣可以派上用场，和自然的环境融为一体。纯棉线编织的长围巾也是可以考虑的，无论是净色的还是有图案的，只要搭配得当就可以了。鸭舌帽、盘帽等都是大热的选择，休闲之中又带点书卷味道。禁止穿整套的西服，因为这样会显得很老土。如果要带饰物的话，要尽量避免金灿灿的黄金，选用低调的银质、白金或者皮革。不要穿你读书时的运动衫，那种褪色的带着图案的运动衫，会令你显得比较幼稚。

与三五知己聚会，如何打造休闲风？

在家中与知己聚会，通常都是听听音乐、喝喝酒、聊聊天。这时，最需要的就是轻松、随意的气氛，所以你的穿着也要适合这种风格。衣服以低调随意、有家居感觉的为好，但随意不是随便，千万不要是睡衣类的松松垮垮的衣服。裤子以宽松的为上，尽量不要选择系皮带的那种，因为你会觉得很辛苦。一件质地优良的针织毛衣是不错的选择，颜色和图案应该尽量低调，不要大红大绿。系绳的休闲裤也同样适合，质地应以棉、麻为主。整套的西服就免了吧，因为没有人会在家里穿成这样，穿得浅淡明亮较好，忌一身黑衣，黑压压的色彩难免令人产生精神紧张之感。

9 穿出性感美

无论男女，其实都是视觉动物，谁都有“色心”，渴望与外形更优秀的异性为伴。一件衣服，或多或少都隐藏着性诱惑。不然，何以恋爱中的女人衣服换得最频繁？在这个情场和职场都竞争激烈的社会，别忽略荷尔蒙的力量。要活得像男人，穿得像女人，唤醒心底深处的性感女神，享受作为女人理应拥有的一切美好。然而“秘则为花，无秘则无花”，性感亦有“度”，并非越裸露越性感。无条件地卖弄身姿，于当今女性经济地位独立的时代而言甚为不符。穿衣犹如恋爱，十分博出七彩，火力全开输于用力过猛，古代女子懂得拿把小团扇来“犹抱琵琶半遮面”，留双丹凤眼直吊鬓发，回眸一笑莫道不销魂。真正的性感源自于气质、品位和意境，若隐若现比一览无余更具诱惑力。

> > > > > > >

9.1 衣服里的性诱惑

不管你是否愿意承认，服装与性绝对是紧密相连的。甚至可以说，每一件衣服都隐藏着性诱惑。那些不断更换美丽衣服的妙龄女子，至少潜意识里是想抓住异性的目光。劳伦斯直言：长相丑陋的女人也能显出美来，只要性感的火焰在她身上微妙和升腾。

最早的人类，穿衣的目的是降低性诱惑。原始人类不穿衣，也无性禁忌，更没有所谓伦理道德，如果任由性的自由发展，无疑会演绎成一道最灿烂的性风景。但是沉入性乐趣中的人类会变得脆弱，面对残酷的自然环境丧失战斗力，比如男女正在嬉戏时被动物袭击，或彼此间为争夺性伴侣相互仇杀。于是，为了降低性诱惑，最初用树叶、鲜花、兽皮、珠贝等用来遮掩或装饰性器官，以后又扩大到其他性感部位。为什么女人遮的部位多一些？因为足以对男人产生性诱惑的身体部位多一些。显然，它们是为了性的目的，但不是像今天的服装是为了增加性感，而是为了减少诱惑，这就产生了最早的遮羞布。

然而雄性和雌性动物之间原始的本能，是相互欣赏和诱惑对方真实的肉体，服饰遮蔽了人的肉体，并没有降低人们的注意力，反而更加吸引了人们的视线。恰恰是那些被遮掩的部位，更显得神秘，更富有引诱异性的魅力，这大概便是“欲盖弥彰”。

全身裸露意味着消解，穿衣以遮蔽则意味着诱惑。所以在“天体营”待久了的男女，甚至懒得看对方一眼，更遑论隐秘的性幻想了。因为在一个通行裸体的地方，裸体不足以为奇的，就像我们每天看见的事物，是不会有特殊印象的，绝妙风景永远在别处吧！对于身体而言，服装便是这样一种土壤，它一方面掩盖着身体这颗欲望的种子，另一方面又以自恋、浮华、虚荣等大量的养分，滋养着更加纷繁的欲望之花，服装和肉体一直存在着相互悖谬的紧张关系。

对于人体中的性感美，由于中西方各地域、各民族对性的不同态度，形成了不同的审美观，西方社会女性对人体的重塑，是加强女性的性感曲线特征。而东方的女性则是重塑、掩饰和缩减女性的性感曲线。如阿拉伯女性全身包裹得严严实实，几乎没有一处裸露的，裸露则意味着对神的亵渎。在西方漫长的中世纪，禁欲主义盛行，肉体被视为不洁和罪恶的摇篮，衣服充当起警察的角色。服装结构和造型趋于封闭性，男女都被包裹在那宗教色彩极浓的宽衣大袍之下，甚至不允许女子露出胳膊，因为那对男子可能是一种强烈的性诱惑，认为女人的头发也会引起人们的邪念，要用宽大的头巾遮蔽起来。至今新娘要把长发盘起，头披婚纱，即缘于此。而头巾后来演变成女人卖弄风情的披巾。

令人不可思议的是，17、18 世纪的女人们都不允许穿内裤，认为穿着内裤等于耻辱，只有老太婆才有必要穿。难怪从前欧洲女人们都罩着长裙。物极必反，演变到后来竟有女子宁要丁字裤，不要婚姻。

文艺复兴时代，为了反对中世纪对人性的压抑，人们开始大胆地追求性感，女性为表现自身的性感美，不是束胸而是塑胸，不但穿袒胸露背的衣服，更是从内到外地改变自己的体态，加强和夸张自己的性感部分。紧身胸衣流行，它的使命是塑造艺术品一样塑造女人 S 形身材，上半身用紧身胸衣把腰勒细，把乳房托起，下半身用裙撑对臀腹部进行夸张，这在当时男人眼里是最具诱惑力的。女子的紧身胸衣，充斥着性感妩媚、圣洁淫荡、香艳脂粉等各种各样的味道。

画家加瓦尔尼曾描绘过这样一对“活宝”：丈夫早上明明给妻子的紧身胸衣背后打了一个普通的结，晚上妻子回家，其背后的结却变成一个玫瑰花结，想象丈夫的恼怒和妻子的懊悔，真是令人啼笑皆非。演变到后来，女人们起床梳洗化妆后，最要紧的一件事是穿紧身内衣。电影《乱世佳人》中的郝思嘉，在十二橡树宴会前，让黑人嬷嬷为她束腰，一个往死里捆，一个往死里忍，使出拔河力气牢牢系紧内衣上背后的带子。不像是赴宴，倒像是去受刑。

紧身胸衣的使命是像塑造艺术品一样塑造女人 S 形身材。

20 世纪初，法国时装设计师波尔·波阿来吸收东方文化，去掉束缚女体的紧身胸衣，设计的重点逐渐转移到对未裸露过的两条玉腿的表现上。但直到 20 世纪 20 年代，女装的裙摆才短缩到膝盖附近。从此全世界的女性可以堂而皇之地裸露小腿走路，这种裸露是女装迈向现代化至关重要的一步。

中国最为性感、绮丽的服饰当属唐朝服装。由于经济的繁荣和政治上的开明，唐朝服饰简约、舒适、个性，既标新立异又新鲜艳美。上流社会的贵妇皆袒胸露臂，衣裳的华美也登峰造极。

此后女性被“三从四德”的精神枷锁束缚，裹脚、束胸，乳房甚至成为羞愧的因素，而变态的“三寸金莲”成为衡量其性感的标志。《金瓶梅》里一个著名的调情场景，就是从一个男人抚摸女人的小脚开始的。而女主角潘金莲则成了集美貌、性感、放荡于一身的“淫妇”的代名词。

欧洲黑暗的中世纪，人们谈性色变，男欢女爱视为不洁，电影《红色娘子军》里琼花对洪常青炽热的爱，导演只能通过琼花一个“爱的眼神”偷偷地进行表现。两性在着装上相差无几，女性的性别特征和个性追求都淹没在男性化的着装体系中。在国家自上而下，强大又统一的道德宣教下，性与女性第二特征的相关物品都是一种禁忌，令普通个体羞于启齿，并尽量试图逃避，如果女人们的服装不合当时的着装规范，社会就会将着装与其思想意识和道德水准直接挂钩，并对其进行社会“制裁”，当时中国服装的性感趋向远远落后于西方国家。

不可否认，人体是一种活色生香的坦荡的视觉语言，具有比有声语言更单纯直率、更细腻、更微妙的视觉特征。无论是包裹得密不透风，还是人体让人一览无余，服装都从不同的角度，引领人们超越表面的躯体，感受人的天性对生命的感悟。人类对服装性感美的推崇，其深层次的原因是人们对人体美的追求和欣赏。性感着装的目的为更艺术地展示人体美，并体现更高层次的内在韵律。

随着人们对表现人体自然而美丽的“肉体意识”越来越强烈，时装设计上性感也成了永恒命题。正如伟大设计师范思哲所言：服装作为社会化与自我表现的媒介，性感才是它最基本的动力。当今西方服饰文化的显著特点就是展现人体的自然形态，包括通过裸露的方式将人体的形、色、质毫无遮挡地呈现给观众。受此影响当代中国女性越来越喜欢裸露的着装，从露肩、露胸、露背、露肚脐，整体呈现一种多元化、年轻化、娱乐化和都市化的趋势，这反映了中国社会的巨大进步，在一定意义上是女人在用身体、用美色、用性感挑战男性话语权。事实上，越来越多的中国女性意识到，她们不必穿得跟男人们一样，完全可以秀出自己迷人的曲线，唤醒心中的性感女神。

9.2 男女性错觉理论

世界由男人女人组成,我们观赏另一方的时候带有一些性的色彩,这是最正常的,也是最符合自然法则的。如果全世界的男人和女人,互相观望时都没了性的感受,那是一件很可怕的事。

当然,男人与女人在两性互动过程中是存在着“性错觉”的,男人比女人更倾向于赋予日常互动更多的性的含义。对于女性衣着暴露的动机,男女两性有着明显不同的认知。男人认为女性穿着暴露的衣服是传达发生性接触的兴趣,而女人则否定这一动机,只是希望自己变得更具吸引力。女人们承认这样的衣着,可能会唤起男人的性欲,但这绝不是女人这样穿着打扮的目的,让自己看起来美丽漂亮,得到一种自我价值的肯定,仅此而已。

男人心中最性感的女人什么样子?倘若妓女有着贵妇的高雅气质,或贵妇有着妓女的风流体态,那就是女人中的女人,比如秦淮河上的八大艳妓、麦当娜,她们高贵如王妃,闪亮如明星,她们穿着奢华性感的晚装款款走来风情万种,举手投足间既性感又具宫廷似的高贵。

性感美离不开身体美。什么样的身材对男人最具吸引力?拥有曲线美的S形身材。他们凭直觉意识到,与这种女性结合能生育出更健康茁壮的后代。而事实上,女性的身材曲线幅度大致由青春期体内荷尔蒙的多寡决定,因此也与个性息息相关。拥有曲线美的女子因其雌激素水平高,为孕育后代提供最充足的营养。

研究表明,80%以上的男性都喜欢女性穿裙子大于穿裤子。穿着迷人的束腰裙装,意味着女性想体现自己美丽、娇柔且充满风情的一面。从楚王好细腰的故事,到19世纪的束腹装以及20世纪的紧身装,这一切都说明一

什么样的身材对男人最具吸引力？像摩洛哥凯利王妃那样拥有苗条、柔雅以及曲线美的身材。

个道理：杨柳细腰强烈吸引着男人的目光。

既然自然的肉体被遮起来了，外在的美丽便显得格外重要。男权社会中，女人通过漂亮衣服增加自身的性感魅力，吸引男人，男人也因为女人的漂亮衣服而对她们另眼相看，作为挑选女人时的一种参考。所谓“女为悦己者容”，古诗有云：“自伯之东，首如飞蓬。岂无膏沐？谁适为容？”说的是自从丈夫东征以来，我的头发便散乱得像一丛飞蓬；不是没有头油润发，只是我修饰容貌讨谁喜欢呢？心爱的男人不在，打扮美丽已无意义。男人的注视最终决定了女人的着装趣味。

当今多数中国男人骨子里的保守意识仍然根深蒂固，也许他喜欢欣赏衣着裸露的女性，但绝不允许自己的妻女衣着裸露；过度性感裸露可以吸引他的目光，但绝不会获得他的尊重。特别是在职场，女人穿着越暴露越显得不专业。也许男人都喜欢外表性感的女人，但绝不会提拔只是外表性感的女人。在传统文化和道德观的影响下，过分裸露的服装被视同放荡的服装，许多男人不会真正接受的。

什么样的女子最能吸引人？据性心理学家研究，男人喜欢的女人，除了发自女性的自信心，懂幽默，爱浪漫、刺激及冒险外，还有神秘感。所以女子不必完全满足对方的好奇心，保留一份神秘感就是保留真正的性感和魅力。女人展露性感区域要由多数社会群体共同认可，露出来的部分令人想入非非，但藏起来的部分才是关键。女性真正的魅力应该是巧妙运用藏与露的技巧，将自身设计得最具吸引力。大多男人都喜欢知识女性和贤妻良母型的女性，虽然男人们有时不免去“秦淮河”上听上一曲“千古绝唱”。

现代女子，因其经济独立而得以人格自由、自在、自信，完全可以做自己。如歌中所唱：“爱情里没有丑女人，每个灵魂都是一万分，何必为谁失去了天真，不懂你的眼睛没缘分。”女人穿衣亦如此，其所装所扮，如果皆为讨好——讨好上司，讨好爱人，讨好潮流，结果是谁也讨好不了。

成功女性的最新标准是内外兼修，她们拥有强大内心的同时，更要呈现出性感魅力。职场穿着需要职业化，但这并不是禁锢美丽与性感的枷锁，女人需要漂亮地处理工作，也要漂亮地展现自己。以成熟的眼光看待性，也不必避讳服装的性诱惑功能，至少在我看来是一种极致的美。对女子品位最大的褒奖是男人爱的目光，谁又能拒绝？想当初热恋时看到的一条曳地白底玫瑰花裙子，不管是否适合自己，觉得不穿不足以表达内心的浪漫与渴望。穿衣悦人悦己难道不是一件很幸福的事吗？有研究显示，女性在接近排卵期时，穿着会更性感。美国得克萨斯州立大学研究员克莉丝汀认为：“单身女性比名花有主者更注意这种生理性的变化。她们这样做，就是为了吸引白马王子。”

9.3 “透”“露”性感

性感着装主要是通过人体某一具有挑逗性的部位加以暗示和强调，在突出性别信息过程中，聚集旁观者对张扬的女性美的注意力和想象。如袒胸露背装张扬着乳，露腹衣强调着腰，牛仔裤表现着臀，迷你裙显示着腿。

性感服饰最主要表现为露、短、透。日本著名时装设计师君岛一朗提出：时装美设计关键在于“露”。他把中国旗袍介绍到巴黎时，故意在旗袍背部剪了一个棱形的洞，露出女人美妙的背肌，引起时尚界的轰动。

聪慧女人当遮则遮，要遮得恰当，遮出气质和风度；当露则露，要露得适度，露出时尚和魅力。

日本人强调：“秘则为花，无秘则无花。”意思是不要将一切都袒露无遗，没有完全表现出的地方才会引发观众的兴趣和好奇心。

中国哲学强调，凡事有度，过犹不及。露也有“道”。

若要裸露，请裸露出身体最迷人部位，并且只选其一，要么露胸，要么露腿。隐约可见最性感。不要一次露得太多，想露美腿和肩膀时，胸部就保守一点，胸部要露得很低时，裙子就不要太短。什么都不穿，一览无余，反而没有想象空间，不见得真性感。

中国旗袍最绝妙之处，高领、紧身，把人体裹得严严实实，但在走动时，旗袍两侧的直逼髋部高挑的衩口像有意虚掩的门，行走处，那袍衩忽儿开了，忽儿掩了，像女人欲说还休的心事。若隐若现，令人费思量。

这就是服装显露与遮掩的辩证关系，两者处理协调得当，就能充分发挥出服装的性感之美。西方袒胸低领装，胸部成为服装的聚焦点，是重要的装饰和点缀的中心，为了取得良好的艺术效果，将人体的其他部位遮蔽起来，袒露的胸部成为性感的焦点，捕捉住观者的视线，增强服装设计的视觉冲击力。所以设计中，露也需主次分明，掩露适度。

深V在服装设计中，让女性胸前好一片绮丽春光若隐若现，性感十足。而且通过把别人的目光从你的双肩引向你的腰，并且最终汇聚到胸部正中间的点，从而营造了纤纤细腰的假象。

有时，性感不一定袒胸露乳，露一段小蛮腰，就能使人血脉贲张。

正是适度的遮蔽与暴露才能产生朦胧、模糊的魅力。所以服装不但需要把握好露的部位，更需要把握好露的分寸，这样才能露得豪放、遮得矜持。无论是梦露、舒淇还是歌舞伎，将暧昧纯洁与自信结合，才是表达性感魅力的最高境界。

从美学角度看，遮掩有时比袒露更有吸引力，它既是遮掩又是刺激，会引发奇妙莫测的心理效果，会使人产生丰富的想象能力，使事物得以延伸。情感表达上，那“见有人来，袜划金钩溜，和羞走。倚门回首，却把青梅嗅”，这个情窦初开的少女情怀总比现代整天嚷嚷“明天我要嫁给你了”的豪放女更显气质和意韵。法国大作家巴尔扎克喜欢这样的女子：只见他们或是一片轻纱裹体，或是一块闪光的丝绢遮身，使玉体最动人的部位若隐若现，以隐带露，露而隐生，美就从这含而不露、似隐似现之中流露出来。显露无遗反没有遮掩来得秀美、雅致、意味深长。

日常生活中只要局部稍微性感一点即可，如果全身上下皆性感，就会杀伤力过度。

在职场，裸露多少为宜？

英国科学家研究表明：女性着装暴露大约40%的皮肤，是吸引异性注意力的黄金比例，如果超出，原本应为魅力的信号就转化为一种肉欲的感觉。恰当的着装包括刚好遮住大腿的连衣裙：手臂各占10%，腿部各占15%，身体其余部分占50%，不包括头、手和脚。冬天里，大衣内穿一个深V领或5分袖的毛衣，只需露脖子和小臂你就赢了。这就是穿衣秘诀：性感一定要把握好分寸。欲迎还拒，欲说还休，恰到好处，才是性感着装的高境界。

如何“露”出爱的心机？

服饰是女人为男人精心挑选的“性爱暗示”。据美国《男性健康》杂志近日报道，对女性而言，选择伴侣应从选择如何展示自身开始。

爱情是一支双人舞，你想好了要穿什么衣服去跳这支改变人生的舞吗？

别忘了用爱征服你裙子里的荷尔蒙。

第一次约会，性感而又蕴含一丝端庄。将丝绸上衣的第一颗扣子解开，露出一点缝隙，再配上牛仔裤和性感的皮靴。如果是想关系更进一步，你可穿上低领上衣，侧面开衩至大腿的裙子，以及高跟鞋。

热恋中的女子，穿若隐若现的透视装，使有了欲拒还羞的音韵，仿佛在说：看我肩膀，还有性感内衣，这是明确的性爱邀请。

都说秀"色"可餐，其实，真的有一种表达爱的颜色，那就是粉红色，令人想起香奈尔可可小姐香水，纯粹又浪漫，有少女的情怀。喜欢穿粉红色的妙龄女子，潜意识里"我好想谈恋爱"。男人要寻找的是贤妻良母而非女强人。而温柔贤淑可以用柔和的色彩表达。粉彩色最大程度柔化时装廓形，即使你穿的是一套干练套装，只要它被染上了丁香紫、薄荷绿、粉蓝色或温柔裸粉色，你就不再被冠上强势大女人之名，朦胧的粉彩色裹挟着她的喜和嗔。

衣服的质料也会影响性感的程度。温暖柔和的毛衣，柔滑的丝绸和羊绒面料掠过肌肤，仿佛倾泻出女人那不愿吐述的细密心思：展开双手拥抱我。这是一种含蓄、隐晦的性爱邀请，常令男性着迷。

性感与俗气往往只有一纸之隔。真正性感服装是那种似乎融入人体的衣服，但并不取决于肌肤的裸露程度，而在于突出重点且与环境适应。隆重的社交场合，袒胸露背的晚礼服，光滑洁白的肩颈暴露于外，显示出女性成熟的魅力；国际电影节上，章子怡以大红肚兜与雪白肌肤闪亮登场，轰动时尚界。然此类服装出现在小街僻巷里，就只能与风尘女子相提并论了。

现今不少女子不分场合穿薄、透、少的服饰，造成充满性暗示的社会氛围。目的是让异性觊觎，让同性嫉妒，让公共场合的空气因自己而颤抖，公开宣称"我可以骚，你不可以扰"，但所穿的服装在"说话"：我很开放，我很随便，你骚扰我吧！比起在热闹场所和公交工具中炫示自己的魅力，不如在自己所爱的人面前展露为宜，你"骚"他"扰"两相情愿，与他人何干？

当裸露与美结合起来，被归为永恒时尚经典，而裸露与美脱离，就沦落为低俗，甚至会产生一些道德层面的问题。如对性工作者与性泛滥而言，裸露的服装扮演的是帮凶的角色。

性感是女人的天资，性感同样是种强势的态度。性感是一种深度气质。拥有智慧的女人，穿着永远不会保守无趣，她们更懂得如何让性感不露声色，由内而外释放出来。

每个人都应该找到适合自己的性感穿着，必须信任自己的直觉，不要一味追随流行。

著名服装史学家詹姆斯·拉弗(James Laver)在他的著作《服装与时尚：一个简史》中，曾对时尚和服装的关系做了这样一个分析，认为“有色情和性吸引的服装：出现在它的时代十年前(甚至超越十年)就是放荡的服装，若在五年前就是有一点羞耻的服装，一年前就是大胆的，而正好在那个时间段就是聪明的，一年以后是呆板的，十年以后是令人厌烦的，二十年以后是荒谬的，三十年后又成为令人愉悦的，五十年后变成奇怪的，七十年后是魅力四射的，一百年后是美丽的”。

当今社会，人们偏爱“波霸”，认为胸部丰满更加妩媚动人，致使无数女子想方设法地去丰胸、隆胸。然而，回顾历史，在20世纪初，美女的标准之一就是胸部像男人那样平坦，特别是少女，如果胸部高高耸起，便会被认为是没有教养的下等人，在社会上要受到轻视。而想要成为平胸少女，就必须像中国妇女缠足一样，从小就把胸部紧紧地包裹起来。70年代有女权主义者脱下胸罩，高呼：“上帝创造女人就是让她晃动的——那么，就让她晃动吧！”

现代女性，应该是“我的胸脯我做主”，坦然接受天然的“波霸”或“平胸”。奥黛丽·赫本是“太平公主”，并不影响她成为优雅性感女神；中性身材的李宇春，不妨碍她成为超级偶像。无论你瘦到怎样的极致，胸再平，只要不忘体现女性最根本的特质——S型，用纤腰翘臀S廓形，照样可以打造出属于自己的性感身材。

你的性感是世上独一无二，关键要找到属于自己的独有的性感Style。不论是青春的性感还是成熟的性感，不论是含蓄的性感还是奔放的性感，都会让女人变得风情万种。

以美貌著称的范冰冰在很威武的“范爷”与性感妩媚的“冰冰”之间游刃有余。

舒淇穿西装不靠裸露耍性感——让西装内真空或者在西装内搭一件胸衣。在这样的穿着下，无论多硬朗的外套都不可能挡住女性锁骨和胸部曲线带来的魅力，绝不会让好身材埋没在一套西装里。

巩俐即使穿严实的套装，照样性感迷人——人体有时包裹得层层叠叠，而隐藏在后面的惹火身材，就愈加浓缩性感。

而麦当娜穿军装最性感——硬朗线条、肩章、宽腰带、金属拉链、夸张的铜扣等，当它们与女人的身体相遇，就会绽放出奇异的花朵来。不可思议的是，合体的军装如同紧身胸衣的变体，在欲盖弥彰中反衬出肉体的诱惑。没什么更让男人激动的了，那些穿军装的女人在另一个战场上唤醒了他们的征服欲望。女人刚硬形象以中性的方法突出了性感，或许带有某种虐恋的意味。

要卖弄风情，没有比穿军装来得更强烈的了。

在我眼中，宋美龄是极品的性感女子，其一生坚守的穿衣原则是：没有化好妆梳好头，绝不出门；只要出门，一定要穿长及脚踝的中式旗袍。从不裸露，然高贵又风情万种。这是一种高境界、大格局，在纷繁丰盈的人生中，修炼出世上绝无仅有的一份高贵、典雅的性感。

9.4 红底鞋的诱惑

平底鞋可以走遍世界，然征服世界的一定是一双高跟鞋。女人展露性感，怎离得开一双高跟鞋？正如CL设计师所言：再怎样的女人，穿上高跟鞋也变性感，更何况是一双红底高跟鞋。CL“红底鞋”是设计师克里斯提·鲁布托(Christian Louboutin)先生于1992年创办，高跟鞋的特色之处就在于它的红鞋那一抹勾魂的红，如同给鞋子涂上了口红，让人不自觉想去亲吻，再加上露出的脚趾，更是性感无比。CL说，穿红底鞋的女人，总会从一堆毫无个性的女人里脱颖而出，绝对有鹤立鸡群的感觉。

对女人而言，每双高跟鞋，都如红底鞋般充满诱惑。她带给女人的是物理方式的增高，但却有化学反应一样的影响——高贵、性感、骄傲、自信，这些都是高跟鞋所赋予女人的特质。

为什么绝大多数女子喜欢穿高跟鞋和短裙？

就是为了增加自己的自信，让自己的腿看上去更长一些，身体线条很漂亮、走路更有节奏感，仿佛可以吸引所有人的目光。

高跟鞋在意大利语中称作“Stiletto”，意为一种刀刃很窄的匕首，高跟鞋的鞋跟也一度被称为“匕首跟”。对于女人来说，高跟鞋就像一把尖锐、高雅且性感的匕首，它以女人胜利的姿态征服男人。在《西西里的美丽传说》中，年轻的少妇、性感的身姿，挑逗着少年朦胧的欲望，每一次她经过，都引来人们的垂涎，一双高跟鞋就是邪恶的源头。

不能怪男人都是喜欢看长腿美女的“色鬼”。最新研究表明：高个子女性普遍被认为更有能力、更富有、更独立、更聪明、更自信。事实上，女孩进入青春期后，荷尔蒙开始分泌，腿迅速增长。修长的双腿是健美有力的象征，让男人知道，她已经成熟，有生育能力，所以长腿总是能成为性感特征。对男人而言，长腿还是通往生育优秀子女的阶梯。我认识的一位毕业于农业大学的矮个子男性朋友，大概生物遗传学学得不错，有心找长腿美女做妻子，果然，他的儿子长得又高又帅。

中国女性普遍身材娇小，上半身偏长，腿偏短。女人必须要有一定高度，才能成就不同视野，毕竟它代表着眼界的高度——站得高，看得远。修饰上下半身比例最有效的方法就是穿高跟鞋，鞋跟高度与身高成正比，身材娇小，鞋跟高度不超过 9 厘米，这是高跟鞋最性感、最风姿绰约的高度。站在 9 厘米的高度上，你看到了比平地更多、更美、奇幻的风景。欲望都市中的 CARRIE 宣言：站在高跟鞋上，我能看到全世界。

高跟鞋的物理层面是增高，心理层面的化学反应更明显：自信、性感。高跟鞋抬高臀部，拉长你的腿部线条，让你的身姿更加挺拔，使女人的站姿、走姿都富有风韵，袅娜的韵致。

最保守的套装，如果配上迷人的细跟高跟鞋和领口较低的诱人衬衫，你的整个形象就会变得非常具有杀伤力。当一个人的内心得到满足，就会更有自信和气势。我只要挑选出适合自己当天装扮的鞋子和配饰，就会很开心，而好心情也从出门的那一刻开始了。有一次出差，因没带高跟鞋，社交时觉得穿任何漂亮衣服都没有高级感、品位感。

每个人心里都要有一双高跟鞋。当年玛丽莲·梦露因穿上由菲拉格慕设计的金属细跟高跟鞋一举成名，她说："虽然我不知道谁最先发明了高跟，但所有女人都应该感谢她。"不管你是谁，你都会深深地喜欢高跟鞋所带来的自信、性感和魅力。

高跟鞋对男性来说也有着独特的魅力，能让男人发狂，这是为什么呢？因为高跟鞋里隐藏着不少性秘密。

高跟鞋隐藏着什么性秘密？

女性的骨盆肌肉，是一块"快感肌肉"，多加锻炼，可以增强达到性高潮的能力。穿高跟鞋会改变骨盆底的活动情况，减轻该部位的痛处，穿着高跟鞋进行日常活动相当于进行骨盆运动，可以改善性生活。7 厘米的鞋跟，即脚部与地面呈 15 度角，可以使骨盆肌肉的电流活动减少 15%左右，亦即有助该肌肉的松弛，并增加其强度和收缩能力。而女性运动锻炼的时候，会释放内啡肽和多巴胺，产生一种莫名的兴奋感。所以，女人对高跟鞋的“恋物”心理也许很复杂。那也许是一种心理暗示，也许是潜在本能在发生作用。

从生理的角度来说，穿平底鞋要比高跟鞋更加健康。因此如果一个女人为了你而穿上高跟鞋，证明这个女人对你很用心，也是对你很有意思的。因为高跟鞋能更好地体现出女性的魅力，所以她才会在你面前换上高跟鞋，这代表了她在对你进行诱惑。

美国路易斯维尔大学心理学专家坎安宁研究结果认为：如果一个女性穿着高跟鞋和你漫步街头，那无疑含有两个信号：第一，请认真欣赏我优美的背影；第二，我不是来和你逛街的，找个地方坐下来好好聊聊吧。

高跟鞋与爱情，是女人生命中最情深的羁绊。

人们形容爱情和婚姻，鞋子舒不舒服，只有脚知道。女人对高跟鞋之迷恋，恰似对爱情的执着。几乎没有一双新鞋是舒适的，即使双脚被磨得痛苦不堪，也不愿意脱掉它；爱情中，即使我们被伤得体无完肤，却依然不愿放弃，依然相信爱情的坚贞与美好。每人女人都渴望得到辛德瑞拉的水晶鞋，其实是渴望得到灰姑娘般的爱情，无关相貌，无关财富，只关乎爱情本身。若一个女人愿意为你穿上高跟鞋，请珍惜她，因为她愿意为你忍受高跟鞋硌脚的痛苦，也就愿意承担爱情里的种种困苦和磨难。若一个女人为你脱下高跟鞋，请你珍惜她，因为她愿意为你放弃高跟鞋的张扬，也就为你放下尘世的浮华。

一双绝美的高跟鞋，比的不是哪双鞋美，而是哪双鞋让腿部更美，与环境是否相衬。

社交场合，晚上的约会、PARTY、商务酒会、酒吧，穿10cm以上高跟鞋毫不夸张，细细的高高的跟，穿上它，变得婀娜多姿，而白天，一般的职业场合，女性穿5cm左右的中跟船型鞋为佳，毕竟你穿着超高的鞋上一天班，对脚来说也是一种折磨。

鞋子的选择必须和身体达到平衡和协调，和你的穿着相辅相成。

体态丰润的女性，避免穿精巧的鞋子，鞋跟要有分量，避免穿鞋跟太细太高的鞋子。它会使你头重脚轻，失去平衡。身材瘦削女性，适合穿带有修饰的鞋子，而与服装呈对比色的鞋子能使身体保持平衡。身材不高的女性应避免有横条纹修饰的鞋子。

任何女性，只要脚踝细瘦，小腿苗条，就适合穿任何高度的鞋子。脚形好看，可穿靴子搭配超短裙。腿粗，则挑选有拉链的靴子以帮助收缩小腿，注意要整个包住小腿的长靴，不要刚好卡在一半而挤出小腿肚来。不宜穿在脚腕上系带的鞋子。厚底鞋更是大忌。因为那会让脚踝显得更粗，腿更短。裸色高跟鞋，是让双腿显瘦长的秘密武器。

一身衣服搭得好不好，魂魄就在于鞋子。及膝的靴子与裙子搭配最佳。靴子越长，所搭配的裙子可以越短。至脚踝的靴子与裤子搭配最佳，在冬季时穿特别实用。鞋头呈方形的叠层鞋与长裤长裙搭配最适宜。鞋头呈圆形或尖形的细高跟鞋（或靴子与裙子）和正装裤子搭配。当高跟鞋与裤子搭配时，裤脚应该遮盖鞋子的大部分，露出鞋跟底部的0.5厘米或鞋头。这种鞋子更适合身材高挑、脚踝细瘦的女性。

闻香识女人，看鞋知人生。看一个女人是否精致，就看一个女人的鞋子。高跟鞋之女人，不是配饰，是武器——一双伸展你魅力的高跟鞋能令你自信翻倍。

女人一定要选对鞋！鞋子的合脚不合脚，舒适不舒适，对女性而言，其重要性不亚于选对了一个男人。

后记:衣生缘

转眼,从事个人形象管理已有十余年。

我是一个后知后觉的人,人生路上寻寻觅觅,兜兜转转,所幸的是在30岁之后,能够重新认识自己,主动调整职业方向,选择了今天的职业与生活方式。与形象管理的工作的邂逅,于我而言,不啻在芸芸众生中邂逅的"意中人"——"已得意中人,从此不二色"。

为何一个既没有接触过艺术也没有学习过服装设计的人,唯独钟情于形象管理事业?

源于我心底对美的渴望以及童年时奶奶对我"爱"与"美"的启蒙教育。

少时家贫,父母忙于生计,我从小跟随奶奶长大。奶奶年轻时曾在上海纺织厂做工,因其美貌被电影公司星探发现并招为临时演员。后因战争爆发,逃回乡下结婚生子。然红颜薄命,丈夫早逝,此后独自一人拉扯一双子女长大成人。其中之艰辛不足为外人道。但在我印象中,从未看到过奶奶生活狼狈的样子:家里摆设干净整洁,桌子抹得锃亮。说话干脆却从不粗声大气。平常穿的大襟衫,破损处的补丁很齐整,更不会少一个盘扣。一年四季都是蓝布衫——靛蓝、浅蓝、灰蓝和月白蓝等,好像从未穿过花衣裳。出门做客时穿的是一件看似崭新其实已穿了好几年的蓝色凡士林布衫,每次做客回来后,便清洗、晾干、折叠存放。

因为经济拮据,我小时候很难得穿"洋布"(棉布)衣裳,但过年一定有奶奶自制的蓝白格子的东阳"土布衫"——棉花采摘后,经过弹棉花、纺纱、染色等工艺,再用脚踩纺织机织成布。一灯如豆,寒夜里我常在奶奶的织布机声中入睡。奶奶书读得不多,说话却很有一些哲理的意味,她常说:"衣裳破被人欺，肚里饥无人知”；家贫，也要穿得干净、体面；女孩穿衣要端庄，不可穿“出格”的衣服，否则会有啖精气鬼跟着，嫁了人也不旺夫……

而我只想逃离，逃离一日三餐的玉米糊和一年四季穿厌了的“土布衫”。渴望有一天能像“城里人”一样吃上大饼油条，穿上小碎花裙子迎风飘扬，这也许是我当时奋力拼搏考上大学的原动力之一。

但奶奶的审美意识已潜移默化地渗透到我的血液里。不知从何时起，我也偏爱蓝色。记得那时的天空很蓝，沁人心脾，常幻想裁一块“天空蓝”做成衣袂飘飘。后来从大学生活费里抠出钱，买了一块浅浅淡淡的天蓝色棉布制成背带裙，内搭雪白衬衣，像一首淡雅的小诗，把朦胧的少女情怀融进衣领里。

岁月流逝，千帆过尽，却依然爱不够蓝色，宝蓝、孔雀蓝、蓝绿色、伦敦蓝、海蓝、紫蓝、钴蓝、亮蓝、粉蓝等，只是少女时代那干干净净的天蓝色，再也承载不了岁月的沧桑。而曾经厌烦的蓝白格“土布衫”，时常涌现在心底，她是那么拙朴与纯美，在衣褶纹理深处，分明有着奶奶融进衣魂里的丝丝缕缕的爱和温暖。只是，“此情可待成追忆，只是当时已惘然”。

翻开霓裳羽衣，何尝不是一个人的成长史？曾经如此清纯，如此烂漫，当我们的爱衣一拨拨地登台与消亡，我们也便一日日地成长。打开一个人的衣橱，里面装满的其实是你的人生，衣缕间留存着对往日的留恋，对未来的憧憬，甚至还有爱情和幽怨。

年少懵懂时，对美的理解往往简单笼统地归结为漂亮的容颜、姣好的身材，外加时尚的装扮。随着心智成熟，阅历渐长，对美有了更为鲜活和独特的诠释与认知。我坚信一个人的穿衣打扮是其个性的一种延伸。好的形象七分源自内心三分源自外表。成功的形象设计，也包含了成功的人生设计。每个人在成长过程中，逐渐在心理形成一幅自我的图像来定义自己，对自己的价值、智力、个性、品格、技能、外貌等均做出了评价，并据此图像活出自己的人生。因此个人形象管理的关键在于解决外表的问题之前，挖掘自己的内在需求，解决内心存在的问题，适当拔高内心的自我形象，而不仅仅是根据现有的自身条件如何扮靓的问题。每个人对未来应有一种期许和穿透力，努力展示出自信、尊严、力量的成功形象。

而优雅得体的服装可以积极调整穿衣者的态度，增加穿衣者的社会成就感，并在心理上强烈暗示自己要表现得如同自己的服装一样出色。扮靓的初级阶段，往往显得有点“装”或“端着”，然“装”久了，不知不觉，良好的行为举止、穿着打扮已融入你生命中，习惯成自然，这就是古人说的“作之不息，乃成君子”。

常有人问我：能否快速地把我打造成社会精英的样子？把形象管理视为仅仅是关乎美发美容、服饰装扮及社交礼仪等诸如此类，这样的理解是较肤浅的。林清玄对“化妆”有过精彩评述：三流的化妆是脸上的化妆，二流的化妆是精神的化妆，一流的化妆是生命的化妆。形象管理的精髓亦如斯。“相由心生”，一切外在的皮相，皆源自于我们的内心。形象造型不只是外观上的改变，而更多的是寻求你心理和灵魂的契合，当两者碰撞出耀眼的火花，才为美丽的盛宴绽放绚丽的色彩。

形象管理是一份充满未知挑战与创意新奇的职业。作为形象管理师，不仅需要在服装、色彩、美容、美发和最新的时尚等技术层面的把握，更在于其背后的哲学、政治学、社会学、美学、心理学、文学和历史等诸多人文学科的滋养。作家葛拉威尔认为：“人们眼中的天才之所以卓越非凡，并非天资超人一等，而是付出了持续不断的努力。只要经过 1 万小时的锤炼，任何人都能从平凡变成超凡。”我深信之。为了喜爱的形象管理事业，我如饥似渴地学习，逐渐恶补了从未涉及的知识领域，且在服装、色彩、礼仪和整体造型等方面接受了较系统的专业学习与训练。如今早已超过“一万小时”，没有成为“超凡”，却也积累了形象管理的诸多理念、心得与实践技能。由于我不是纯技术派出身，反而能更洒脱地更高远地从哲学、人性、美学、历史、心理等方面探索穿衣的真谛，并从穿衣打扮层面延展出来，培养自己在生活中的感性智慧，把生活的美学融入自己的世界，使我们的人生充满美感和艺术。这是我写作本书的初衷。

借本书出版之际，真挚感谢浙江省社会科学界领导、专家的支持和帮助！感谢服装设计大师吴海燕百忙之中拨冗作序！感谢著名形象管理专家于西蔓、罗红英、何春晖老师的关心和指导！感谢意尔康集团、东阳新新娘婚纱摄影公司的大力资助！

在此特别感谢我的先生周鸣阳研究员，提出富有价值的建议。

作　者

2015 年 3 月